Emotional Cost

情緒成本

記帳士 · 商周專欄作家 **紀坪** 著

前言

做自己情緒的主人

我的工作經常得與商業的財務報表為伍，其中最常用到的兩張財報為「損益表」及「資產負債表」。損益表可呈現商業的收入、成本、損益等資訊，資產負債表則可呈現資產及負債的組成結構，一個企業的現有價值及未來展望，往往就是由這些財務報表資料所決定。

然而有一種隱藏的成本，是財務報表不會告訴我們，卻對每一個人都具有重大影響性的，就是「情緒」。

一樣是作一筆生意，如果來的是讓人心曠神怡的好客人，那麼這筆生意不但賺到了錢，可能還賺到好情緒，反之，如果來的是讓人傷心傷神的爛客人，那麼這筆生意就算賺得到錢，卻可能犧牲掉好情緒，最後得不償失。

情緒會傳染及蔓延，與正面的情緒為伍，就容易形成正向的競爭力，與負面情緒為伍，就容易形成負向的壓力。

在傳統的經濟學觀念中，是以客觀的物質條件，來衡量一個人所擁有的是否富足，然而在快樂經濟學的思維中，一個人的心理及情緒狀況，往往才是決定一個人是否富足最重要的要件。

情緒是一種成本，因此所有傑出的成功者，無不對於情緒成本斤斤計較，而情緒資產的積累，不但可以帶給一個人幸福感，還可能增進一個人的創造力、吸引力。換言之，情緒成本的掌握，其實就是一種名副其實的競爭力。

我們如何去評估這個無形的資產呢？請試著找出屬於自己的「情緒報表」，並編製好「情緒損益表」及「情緒資產負債表」，讓自己成為情緒的主人吧！

（請見下頁圖）

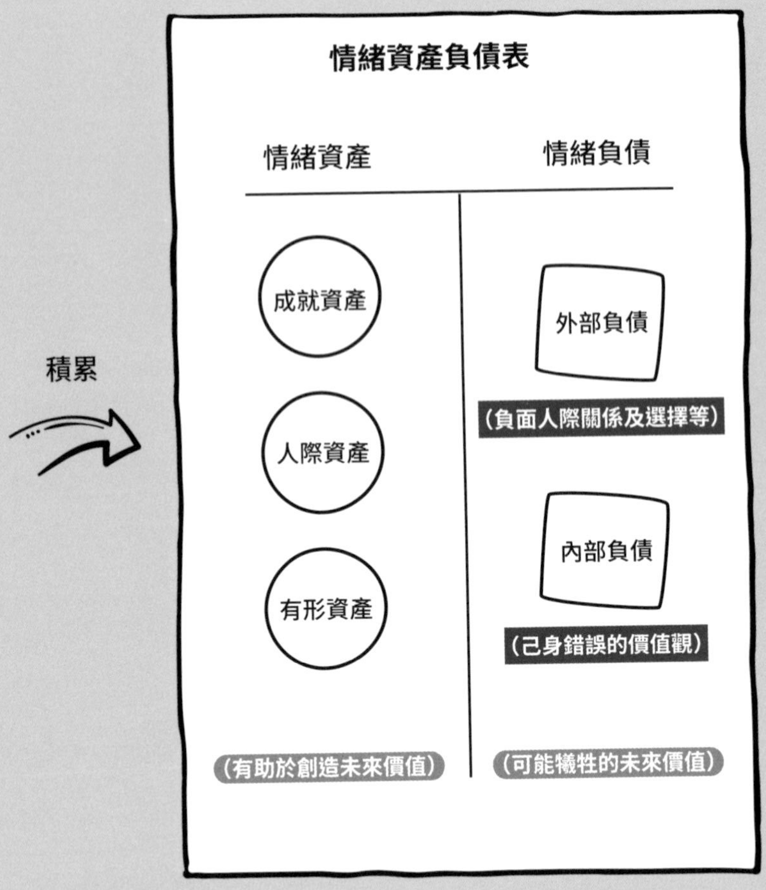

▌擁有良好的情緒資產，有助於形塑一個人長期的正面情緒循環，成為情緒富翁。

圖1.　情緒報表全圖

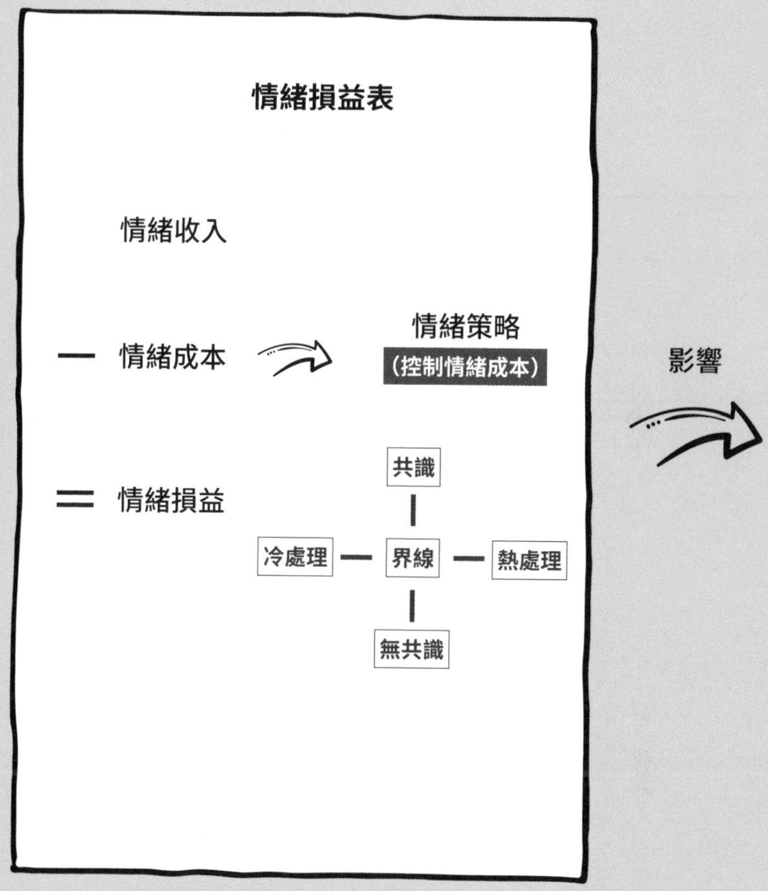

▌情緒成本的耗損，只要策略運用得宜，長期下來，資產會增加，負債會減少。

☺ 情緒損益表

傳統的「損益表」是用來評估在某一段期間內公司的損益狀況，一個最基本的公式概念，就是「**收入**」－「**成本**」＝「**毛利**」。算出了毛利後，再將相關的營業費用、非營業收入及損失等項目計入，算出最後的淨利。然而事實上財務報表的這個「成本」，通常只能反應有形成本，例如人事成本、水電、租金等。

因此我們就要學會在心裡編製一套屬於自己的「情緒損益表」。所謂的「情緒損益表」，是用來看某一期間或某一事件，我們的情緒損益為何？即「情緒收入」－「情緒成本」＝「情緒損益」。

做自己喜歡的工作、服務談得來的客人，培養自己的興趣，找到快樂驅動力，這些都是一種「情緒收入」。反之，工作的辛勞，面對討厭的慣老闆及豬隊友，或是親人的情緒勒索，就是一種「情緒成本」的付出。心累有時候比身體累更累，會更快剝奪一個人的意志力及競爭力。

好好的精算自己的情緒收益，才能逐漸累積成一個人的長期競爭力，成為一種「情緒資產」。

情緒資產負債表

傳統的「資產負債表」有一個最基本的公式概念，即「資產」＝「負債」＋「業主權益」。

「資產」是指有助於創造未來價值的經濟資產，諸如現金、存款、存貨、設備、專利等，「負債」是指因為某些原因使得未來可能必須犧牲的經濟利益。如借款、欠款、應付款項等。而兩者之間的差額，就是「業主權益」，因此只要能創造愈多的資產，減少愈多的負債，就能創造更大價值的「資本」。

同時，我們也應該去打造一個屬於我們自己的「情緒資產負債表」。

「情緒資產」最基本應包含「有形資產」、「人際資產」、「成就資產」等，擁有良好的情緒資產，有助於形塑一個人長期的正面情緒循環，成為情緒的富翁。

「情緒負債」又可概分為己身錯誤價值觀產生的「內部負債」，以及來自於負面人際關係及選擇產生的「外部負債」，當長期陷入這樣的情緒中，就會形成負面的情緒螺旋，付出高昂的循環利息，最終成為情緒的乞丐。

增加自己的「情緒資產」，降低「情緒負債」，有助於創造更大的「情緒資本」。

情緒策略

為了有效降低並控制「情緒成本」，增加「情緒資產」、減少「情緒負債」，就得學會摸索出屬於自己的一套「情緒策略」。

有些人像刺蝟，只要遇到問題，總是針鋒相對與人衝突；有些人像海綿，總是在討好他人，承受他人的感受，有些人像含羞草，遇到問題習慣先縮起來。

事實上，這都不是健康的情緒策略，良好的情緒策略應該要能夠因時、因地、因人制宜，依照不同的情境，擬定不同的策略。別當一個只有一種策略的人。

這本書，希望獻給每一位願意正視自己情緒、並將情緒視為重要資產的聰明人，因為，莽者容易被情緒控制，智者才是會控制情緒的那個人。

目錄・contents

PART 1 情緒成本

PART 2

情緒資產

PART 3 情緒負債

PART 4

情緒策略

Part 1

情緒成本

想討好人的爛好人

追求他人眼中的面子

不得要領的菜鳥

操之在他人的外控

壞觀感的劣禽

情緒成本（負面的人事物）

白目的真話

負循環的劣幣

不講理的奧客

‖ 等於

情緒損益

▌情緒損益即是某一期間或某一事件得到的損益。

若損失過大，即需要時時針對錯誤的心態去修正。

圖2.　情緒損益運算公式：情緒收入－情緒成本＝情緒損益

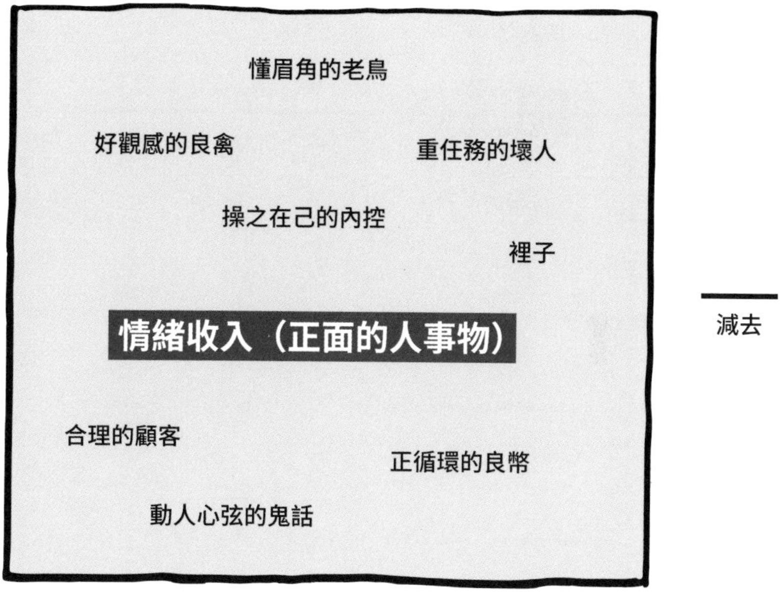

每個人天性不同，因此不同情境，每個人感受到的情緒成本也會不同，如重任務的壞人，有人認為是正面的收入，有人覺得是厭惡的成本。

何謂「成本」?

在經濟學的思維中，認為成本通常是因為某些經濟選擇而起，往往和一個商業行為或經濟交易相關聯，是一種為了達成某些經濟目的，而必須付出或犧牲的代價或價值。

成本概念絕大部分都被用於評估「有形」的經濟價值，而所謂的「情緒成本」，是指除有形的經濟成本外，我們還須付出「無形」的情緒代價，事實上很多時候，「無形」的情緒成本比起「有形」的經濟成本，影響一個人的長期競爭力更大。

以我自己的工作來說，事務所主要是協助客戶稅務、財務報表等工作，而這些工作有行情價，依照客戶的規模及需求，所收取的費用當然是截然不同，帳務愈麻煩，資料及項目愈多，收費理所當然愈高。

然而有時候，會遇到有某些特質的客戶，規模並不特別大，帳務也不特別複雜，但比起大客戶，這些客戶對於事務所而言可能更加麻煩、要耗費更多精神去處理，如果用行情價去接，是划不來的，為什麼？

很簡單，因為這類型的客戶，除了「可預期」的有形工作之外，總會經常衍生很多「非預期」的無形工作。

有不懂裝懂，什麼事都要囉嗦上半天的人；有人際關係不好，總是需要陪他發牢騷，作心理諮商的人；有沒事找事作，很需要刷存在感的人；有整天看什麼都不順眼，總是在批評跟抱怨的人；有明明不是我們的工作，卻什麼事都要推過來的人；有好像我們欠他幾百萬不還一樣，總是臭臉迎人的人。

這些類型的人，除了工作本質的負擔外，還得付出不少的情緒負擔，這就是所謂的「情緒成本」。

情緒是一種最貴的隱藏成本

按理說，兩家營業額相仿的客戶，原先工作量應該差不多，但如果一位老闆人很OK，一位老闆人很NG，你認為在跟這兩位老闆作生意時花費的「成本」是一樣的嗎？

當然不同，OK的老闆除了有形的金錢收入外，相處起來如果很愉快，代表他可能還提供了不少的「情緒收入」，NG的老闆雖然也提供了有形的金錢收入，但與他相處起來較痛苦，就代表同時要付出多餘的「情緒成本」。

或許在看得見的有形工作上是一樣的，但在看不見的無形情緒上卻可能天差地別，一樣是完成一項工作，開開心心的完成，跟愁雲慘霧的完成，是截然不同的。這個情緒成本比起有形的成本，對一個人的長期影響可能更大。

因此我們在衡量一件事時，除了要衡量有形的收入及成本外，更要同時考量無形的情緒收入及情緒成本。

情緒經常是在人際互動中產生。與正面的人相處，從事快樂的活動，得到的就是「情緒收入」，與負面的人為伍，從事討厭的活動，付出的就是「情緒成本」。

然而自己的情緒就得自己負責，所以個人的心態，以及如何去選擇我們的方向，才是影響己身長期情緒成本的關鍵。一個經常把自己關在負面氛圍的人，付出的情緒成本勢必比人多，也勢必讓他沒辦法將精神及注意力，專注在更重要的事情上。

學會衡量情緒成本

在「情緒損益表」的思維中，就是要時時去思考哪些心態和哪些狀態，能為我們帶來更多正面的情緒收入，降低更多負面的情緒成本，並時時針對錯誤的心態及狀態去進行修正，以求獲取最大的情緒收益。

就算是同一件事、同一個情境，情緒成本付出的多寡，往往也是因人而異的。認識自己，並順著自己的心性去作選擇，才能成為善於處理情緒的聰明人。

內向的人，可能在獨處時找到自在；外向的人，可能在與人互動時找到快樂。內控的人，懂得掌握自己的主導權；外控的人，老是被外在的環境影響。

只懂得用直腸子說真話的人，可能就比懂得見人說人話、見鬼說鬼話的聰明人更容易得罪人。擅於用腦力工作的人，可能就比起用體力忙碌的人，付出更少的情緒成本。

習慣討好別人的爛好人所產生的情緒成本，可能比重視任務本質的人更多。不得要領的菜鳥，可能比熟門熟路的老鳥付出更多的情緒。好面子的人，可能比起重裡子的人，浪費更多的情緒成本在滿足面子。

總之，情緒成本深深影響著每一個人，我們一定要學會看懂它，並好好的衡量及控制，當一個精打細算的情緒主人。

內向與外向

寧讓人討厭好過做虛偽的自己

曾經在我剛出社會創業之初，一位前輩邀請我去參加他們的聚會，行前還特別吩咐：「可能會喝點小酒，不要開車，直接搭計程車過來。」一來盛情難卻，二來想說多認識朋友也好，於是就赴約了。

這是某一個社團的社長交接聚會，辦在某飯店的包廂裡，而邀請我的這位前輩是即將上任的新社長，他爲了能更有面子，就廣邀有可能入會的新人朋友到來，一來熱場子，二來如果能夠成功招來新夥伴，也是頗有面子。

找定了位置坐下來後，同桌的每個人紛紛熱情的交換名片，互相招呼聊了起來，場面很熱鬧，大家看起來都很「嗨」，主持人也好好介紹了每一位會員及新朋友的職業及頭銜等，有醫師、律師、會計師、講師、保險、直銷、理專、設計師、裝潢業者等等。隨著新舊社長、主持人在台上敬酒祝賀，慢慢的，台下的來賓也就跟著喝開了。這樣的一個商務社團，參加下來一年所費不貲，就是要創造一個大家互相應酬、互相介紹生意的機會。而對於有志創業的年輕人來說，這確實能增加商機，我亦有不少朋友，是透過這類型的交流，成功的為自己提高業績。

當天雖然我也全程參與，跟著應酬、敬酒、互相交流，然而內心卻很清楚，從第一個小時起，我就很想回家了，隨著應酬時間愈長，心情就愈壓抑。只是苦於這個氣氛走不開，內心卻有一個很清晰的聲音告訴我：其實你沒那麼喜歡這樣的場合。以至於當天我看起來也是照樣敬酒應酬，給足面子，什麼都能聊，表現的開開心心，但當宴會結束離開會場後，我還是婉拒了這位前輩的入社邀約。

一來我不愛喝酒、二來我不愛應酬、三來我不愛人多的地方，偶一為之還行，待久了還真累。不過若仔細觀察，其實有不少人相當能享受這樣的氣氛，當中最主要的差異是：你是偏向「內向」還「外向」的人？

內向與外向

心理學家榮格認爲，每一個人都有「內向」與「外向」兩種性格，「內向」者較喜歡獨處、思考、自省，他們對於參加他人活動相對較不感興趣，不喜歡太熱鬧的場合，不喜歡人多的地方；更享受自己內在的世界，更重視私人空間，他們可以在自己的小世界內耗上一整天也不覺得累。

「外向」者則較富有熱情、活力，喜愛參加各式各樣的社交活動，他們樂於與形形色色的人互動，在社交聚會中總能感到愉悅，還能愈玩愈開心，反之，太安靜孤單的場合，他們不一定能忍受。

一個熱鬧非凡的社交場合，對於內向者及外向者而言，感受是完全相反的，隨著時間的流動，內向者在社交的場合，是愈來愈疲憊的，而外向者在熱鬧的社交場合，卻會愈來愈開心有精神。像這樣的一個把酒言歡的場合，每個人感受到的可能就完全不同，有的人是享受、有的人是忍受。而我很清楚，我更接近於「內向」特質，不喜歡人多，不喜歡吵雜熱鬧的地方，所以比起與眾人把酒言歡，我更喜歡躲在自己的世界裡。

不少人認爲外向者及內向者，適合的工作可能完全不同，其實不然，各行各業，外向及內向的傑出人才都大有人在，只是創造績效的方式有所不同而已。只要是人才，都很懂得掌握自己的心性，作出完全不同類型的工作風格，配合著自己的內向或外向特質順勢而爲，才能取得最好的情緒平衡。

認識自己，扮演好真實的自己

莎士比亞曾說：「一個面具，套不下所有人的臉。」如果硬是套上一個不適合自己的面具，把自己僞裝成另一個樣貌，那無疑需承擔不少的情緒成本，偶一爲之還行，如果需要經常這麼幹，那活的一定不快活。

內向喜歡獨處的人，就不要勉強自己在眾人面前強顏歡笑，外向喜歡熱鬧的人，就不要勉強自己走沉默是金的路線。內向外向沒有誰好誰壞的問題，只有能不能善待自己的天性，並找到一個平衡點。多數能有成就，還活的很快樂的人，都很擅長作自己，所以我們應該盡可能的，用自己最原始的面孔來與這個世界相處。

寧可讓人討厭真實的你，也好過讓別人愛虛偽的自己。——紀德

好人與壞人

與其拿到一手好牌，不如打出一手好牌

多數人都認爲，一個處處與人爲善的「好人」，應該較不會使他人付出過多的情緒成本。處處與人力爭的「壞人」，才容易讓旁人付出龐大的情緒成本。有趣的是，在商場或職場上，這樣的刻板印象有時候可能是錯的。

爲什麼？

有天一位製造業的林老闆，就跟我分享了兩段事關生意的親身經驗，故事的主人翁，都是他的親人——一個關於他老婆，一個關於他女兒。一個是「好人」，一個是「壞人」。

有一次，一位有生意往來的老客戶來家裡談生意，要討論下一季代工的價格。這是一筆三萬打的訂單，由於原物料上漲，林老闆打算每一打成品的代工報價，要從原先的一八〇元漲到二〇〇元，這算是一個相對合理的調幅。

「林老闆我們都合作那麼久了，我知道原物料上漲，大家就共體時艱，這張單就算一八五元吧，以後若有必要，我們再來調整如何？」來訪的客戶試著殺價。

但林老闆早已摸清楚市場結構，市場上並沒有其他競爭者能提供更好的條件及報價，而自己的報價其實算很合理，客戶只是死馬當活馬醫，想嘗試殺價看看，就算最後不能降，客戶還是只能接受自己的二〇〇元報價。於是林老闆把價格踩住不為所動，只等對方認命後點頭。

為了能有殺價的機會，對方還是卯足了全力，與林老闆不停舌劍唇槍、吵得不可開交。本來應該和氣生財的生意場合，也說得有些僵了。連林老闆表現出一副「自己也是原料物上漲的受害者、實在是有難處」的樣子，客戶就是不願意輕易放棄。

「唉唷，大家都老朋友了，老公，其實這張單還有些利潤，不如就大家各退一步，一九〇元行不行啊？」林老闆的老婆端茶過來，看到大家講得面紅耳赤，自作聰明的跳出來當好人，想幫忙撮合價格當個和事佬。

「好！就聽大嫂一句話，一九〇元！」客戶見機不可失，立刻順水推舟咬住這個價格，林老闆整個臉都綠了！

就因爲這愛當「好人」的老婆的「各退一步」，一句話讓林老闆再也拉不回二〇〇元、少賺了三十萬。這次在商場上極不合理的讓利損失事件，讓林老闆心中暗暗發誓：以後所有的生意場合，絕不讓「好人」老婆在場。

願當「壞人」的女兒

林老闆有一個女兒也在公司幫父親做事，她總是很有自己的想法，平時老愛頂嘴，但卻是個貨眞價實的「生意兒」，在必要的時候很能「扮黑臉」甚至「演壞人」。

有一次林老闆與女兒來到大陸談生意，希望能找到一位擁有專利權的企業主合作，但這個企業主並未有公開的聯絡資料，主要的訂單都是以老客戶爲主，想直接找到他並不容易。

於是他們先去拜訪了另一家和這位專利企業主有往來的王老闆，希望能從中取得相關資訊。但同行相忌，林老闆很清楚，老老實實的跟王老闆要聯絡資料絕對要不到，不妨就試著「套套」看吧！

「我等等要去拜訪這位企業主，卻把聯絡資料忘在飯店了，不知道你那邊有沒有，給我個方便？」林老闆開口問了王老闆。

王老闆聞畢，立刻繃緊生意人的商場神經，築起了防備心。

林老闆的女兒清楚父親的心思，也看出對方的戒心，於是不等對方開口，就率先抱怨起自己的父親來。

「昨晚就叫你要先把資料放在包包裡，結果你還是忘在飯店了，很遠耶，很煩耶，要回去你自己回去，我才不要跑那麼遠！」

林老闆的女兒表面上得了理不饒人，喋喋不休一直唸、一直唸，還鬧起脾氣來，把現場的氣氛弄得有點僵，其實是另有目的。

這位王老闆見狀，想了想反正他們本來就有聯絡資料，只是忘了帶在身上，自己何不做個順水人情，當個和事佬給個方便，於是就將這位專利企業主的聯絡資料給了林老闆。

懂得隨機應變又不怕當「壞人」的女兒，就這樣幫父親拿到寶貴的聯絡資料。因此往後林老闆只要出去談生意，只帶女兒在身邊，而把自己的老婆列爲拒絕往來戶。

美國作家喬希・比林斯（Josh Billings）曾說：「人生不在於手握一副好牌，而是打好你手上的牌。」而要把牌打好，首先你不能永遠只想當個好人，要能適時的扮演壞人。

愛當「好人」的人，常常專注在人情上，反而容易扯人後腿，帶來情緒成本。

願當「壞人」的人，才能專注在任務上，反而能夠推人一把，創造情緒收入。

老鳥與菜鳥

比起菜鳥，老鳥更懂得用最少的力氣達成目標

當兵時，「菜鳥」通常被認爲較不長眼、不得要領，是承受最多不平等待遇及負擔較多情緒成本的一群人，菜鳥要認份，早已是不成文的共識。反之，「老鳥」通常是熟知部隊規矩，懂得偷懶抓重點，付出情緒成本相對較少的一群人。

在任何組織，不論是老鳥還是菜鳥，當中都一樣有好鳥跟爛鳥，但那些相對有本事的好老鳥，確實有一套他們自己的生存之道值得借鏡。

情緒成本跟一個人的處事之道息息相關，通常作事愈不得要領的人，無謂的情緒成本就愈高，常常在瞎忙瞎耗，作的事情不多，還積了不少的鳥氣。反之，

作事得要領的人，能以最少的情緒，來面對商場上、職場上、人際關係上的大小事，有效的降低情緒成本。

特別是在公園的籃球場上，那種跑不快、跳不高，體能遠遠比不上年輕人，但打起球來，卻又往往能夠拿下勝場的「公園阿伯」，就頗能道出老鳥智慧的箇中妙處。

公園阿伯的球場智慧

只要有打過籃球的人就知道，有一些公園阿伯打起球來，雖然跑不快、跳不高，但經驗老道、投籃中距離很準，有些人還練就了一手勾射功夫，抓犯規、小動作技巧純熟，讓他們在球場上占了不少便宜。

在美國曾經還有ＮＢＡ球星化老人妝，跑到公園籃球場上假裝成公園阿伯，跟年輕球友鬥牛，再秀一手成熟的球技打敗年輕人，讓在場的觀戰者都目瞪口呆，可見，「公園阿伯」這個角色，確實有其趣味性及學問在。

回過頭來看，公園阿伯與那些菜鳥年輕人的打球風格，有什麼不同？

一、菜鳥重面子，阿伯重裡子

在公園打球，犯規都是自由心證的在喊，但年輕的菜鳥比較愛面子，只要不是太明顯，多半不好意思抓對手的犯規，覺得這不夠帥氣。所以經常看到他們被犯規，只能擺出一副委屈的樣子，但就是沒辦法提出對方犯規。

但公園阿伯就沒在客氣了，你摸到他的毛，影響到他的進攻球權，抓犯規是沒在客氣的，對他們來說，打球就是要贏球啊，面子裡子都重要。

二、菜鳥重好看，阿伯重好用

在公園打球的年輕人，不少人很在乎打的「帥不帥」，不來個跨下、轉身、背後運球就是不夠味道，上籃不拉它兩個竿，很怕別人不知道自己的腰力有多好。他們喜歡模仿帥氣的動作，即使有些動作其實對於贏球並無太大的實際助益。

厲害的公園阿伯就沒管那麼多了，他們的目標只有一個，把球搞進籃框得分就對了，多餘的動作能省則省，管他好不好看，重視的是目標完成率。

三、菜鳥靠速度、阿伯靠準度

在公園打球的年輕人，不少人是速度快、彈性佳，仰賴著先天優勢，就能在同儕中領先。偏偏有時候碰到阿伯，這些優勢就是沒辦法發揮，因爲厲害的公園阿伯不跟年輕人拚速度，靠的是準度；厲害的公園阿伯幾乎都有一手優異的中距離功夫，精準的判斷及站位，或練就了純熟的勾射及低位進攻技巧。

四、菜鳥靠體力，阿伯靠智力

在公園打球的年輕人，仰賴著年輕的肉體，經常滿場飛奔，就算有些體力不必花，但反正年輕有本錢，跑！動！就對了。阿伯正好相反，他們不把力氣花在徒勞無功的地方上，有時候守不住了，就放吧！能花三分力輕輕鬆鬆的得分，絕不會想花八分力，懂得把力氣用在該花的地方上。

公園阿伯的職場智慧

其實你在一個位置上，是菜還是老，能不能減少不必要的活動，有時候就看你有沒有掌握到這些公園阿伯的球場智慧。

你關心的是面子還是裡子？

你在乎的是好看還是好用？

你厲害的是速度還是準度？

你仰賴的是體力還是智力？

菜鳥在乎過程中自己帥不帥氣，老鳥在乎目的有沒有達成。當有好機會時，菜鳥在乎同儕觀感，老鳥則精準占據最有利位置。菜鳥靠的是速度及體力，用那

顆新鮮的肝來創造價值，老鳥更懂得用準度及智力，用最少的力氣完成目標。

不管是菜鳥還老鳥，都一定有好鳥跟爛鳥，但看懂公園阿伯的打球智慧，才有機會脫離菜鳥圈，慢慢成爲一個懂眉角的老鳥。

正所謂不打勤、不打懶，專打不長眼。要像個長眼的老鳥，別像個白目的菜鳥。掌握了眉角，掌握了效率，就能有效掌握情緒。

內控與外控
做個內控型的人，操之在己才能改變命運

某一個在百貨公司設櫃的服飾品牌，櫃員為了能改善櫃位的擺設、產品、行銷計畫等，經常會和櫃位的夥伴討論該櫃位有哪些問題及能改進的地方。

第一位櫃員經常說：

「公司產品的設計太老土不好賣。」

「產品的品質良莠不一，有時候會有一些瑕疵品被客人罵。」

「現在景氣不好，消費者不太願意來百貨公司消費。」

「櫃上的花色常常缺貨，所以有時候客人買不到想要的花色。」

第二位櫃員通常說：

「公司產品目前的設計，可以推熟女族群，如果想要擴大消費族群，可能需要增加一些其他年齡層的設計。」

「部分產品有瑕疵，但我都會一一檢查，再將有瑕疵的寄回公司處理。」

「現在景氣不好，所以櫃位應多配合節日及百貨公司的促銷檔期，作些促銷活動。」

「我的櫃上缺某些花色，這些花色市場反應不錯，請公司快些幫我補齊。」

由於兩人在一樣的工作崗位上，所以都看見了一些類似的問題，包括公司產品的設計風格、產品品質及補貨速度等，也看出了景氣的不好及消費者的心態。

有趣的是，最後第二位櫃員，被升遷成爲店長了，而第一位櫃員，仍然只能繼續當櫃員，爲什麼？

第一位櫃員確實點出了所有的問題，但回過頭來想想，她有幫忙解決了什麼問題嗎？事實上她只是將問題丟出來，並不停的抱怨及批評，至於該怎麼辦，似乎不關她的事，又或許是說，她認爲那不是她能控制的部分。

而第二位櫃員在提出問題時，已經先將解決方法想好甚至著手進行了，不只是在增加問題，一樣的工作，她能夠控制及影響的部分就遠遠超出了第一位。

其實，一個人未來的走向是原地踏步還是有成長潛力，有時候從這些思維角度就看的出來，第一位櫃員的思維模式，屬於「外控」型，第二位櫃員的思維，則屬於「內控」型。

內控型與外控型

心理學家朱利安・羅特（Julian Rotter）將人的性格分成兩種類型，一是認爲大部分的事都決定於外在環境，自己對於成敗並沒辦法控制的「外控型」性格；一是認爲凡事操之在己，自己能夠對於成敗有所控制並負責的「內控型」性格。

外控型的人自認不能控制成敗，通常處事較消極、習慣逃避。他們認爲，自己的行為不會影響到結果的好壞，失敗就是時運不濟，不然就是別人的錯，成功就是運氣好。對於任務，往往用抱怨及批評來取代行動。

內控型的人自認能控制成敗，認為積極、努力、用心等正面行為將有助於結果的改善，所以他們更願意去投入在相對重要的任務上，接到任務也更傾向於行動而非抱怨。

究竟成事在人還是在天，沒有標準答案。但幾乎所有高成就者，都一定是「內控型」的性格，正因為他們認為自己能夠有所為，能夠改變己身的環境，甚至改變多數人的環境，所以他們更加有動力去作任何他們認為正確的行動。

同樣的，這種擁有己身控制權的「內控」性格，通常較快樂，因為就算現況不佳，未來仍可透過自己去改變。認為自己沒有控制權的「外控」性格，通常較悲觀，因為自認沒有能力去改變大環境的困境。

內控與外控的特質是一種連續維度，每一個人都介於這兩者中間，惟比較靠攏哪邊之程度上的不同而已，不是非黑即白，且是能透過後天改變的。

先從小成就累積起

比爾蓋茲曾說：「基因影響我們的聰明才智與天賦，但影響一個人成功與否的特質，卻並非在出生時就固定。心態，才是影響個人學習、成長、人際關係、終身成就、人生道路的最重要關鍵。」

其實說的，就是要擁有內控型思維，因為心態決定一個人的行動，也決定了一個人是隨波逐流，還是懂得自我要求，追求自我的成就。

那麼要如何培養內控型的性格，而不是外控型的習慣呢？

我認為，得先從「小成功」作起，**成功是一種習慣，失敗也是一種習慣，習慣失敗的人，往往更容易往「外控」性格靠攏，而習慣成功的人，就會更容易向「內控」靠近。**

不好高騖遠，一步步擬定務實的目標，慢慢的去完成一個個的小成就，當習慣每一個小成就都能好好完成時，會愈來愈能控制自己未來的成就方向。

良禽與劣禽
一樣是離職，你想留下好印象還是負面言語

親朋好友的聚會，往往是聊工作、聊學業、聊婚姻，或聊聊是非的好場合。在一次親友的聚會中，一位二十歲出頭的年輕人，談到了他近期的離職心情，並大篇幅的控訴老闆、同事及公司的不是。

「老闆太過小氣，薪水給的非常少。」

「同事太難相處，總是在扯我後腿。」

「公司太沒前景，看不到未來方向。」

「良禽擇木而棲，所以我才會離職。」

良禽要擇木而棲，似乎是不少人離職的好理由，因爲這代表不是自己的問題，這位年輕人也毫不客氣地將自己離職的理由，完全歸咎於老東家、老同事，認爲因爲自己是良禽，所以才會離職。

聽起來似乎有點道理?!

但這位年輕人對於老東家的控訴戲碼，其實已經不是第一次上演了。他經常換工作，只要每次一換，都會忍不住在親友面前大肆的批評及抱怨。

老實說在大家眼中，這位年輕人橫看豎看，也不像個人才，只是大家不說破罷了。試問不滿老東家，大肆抱怨後選擇離職，眞的就叫做「良禽擇木而棲」嗎？

良禽擇木而棲、劣禽嫌巢而離

離職及流動本來就很正常，不少經營連鎖餐廳或是百貨櫃位的公司，因爲配合門市的調動及調整，流動率更是高。如果仔細觀察，當中不乏人際關係佳、工作認眞表現好、顧客及同事都稱讚的人才。然而人際關係差、工作散漫不負責、顧客及同事都搖頭的人力也是有的。這兩種人的差別，主要反應在工作能力，除了績效外，離職時的態度亦天差地別。

被稱讚的人才離職時常說：「公司及同事都不錯，只是我另有其他規劃，大家還是會保持聯絡。」

好的人才會決定離職或轉職，通常不是因爲他們不能適應這份工作，而是他們有明確的職涯規劃，或是有足夠條件爭取到更好的工作待遇，因此離職時，不會有太多的負面語言，只會留下一個良好的離職印象。

被搖頭的工作者離職時常說：「公司、老闆及同事太爛了，所以老子不想幹了。」這一類人決定離職，通常不是因爲他們能夠找到更好的工作，而是對於原先的工作產生了不適應，混不下去，並喜歡大肆抱怨公司及同事的不是，他們將離職的原因歸咎於他人，不是自己。

「良禽擇木而棲，劣禽嫌巢而離」一樣是離職，是良禽還是劣禽，其實差別就在於離職時的態度，究竟留下的是正面的印象，還是負面的言語。

良禽通常是衡量完自身條件及大環境後，作出最適選擇，並掌控自己可以的方向，多數是屬於內控型思維。劣禽是將自己的不順，歸咎於外在環境，認為自己的不順都是外在環境的錯，多數是屬於外控思維。

傻瓜的心在嘴裡，聰明人的嘴在心裡

很多時候，情緒成本並不是他人帶來的，而是自己的心態及行爲決定了情緒成本的多寡。面對不順遂，習慣以批評、抱怨來取代作爲者，帶給自己及他人的情緒成本永遠高出一截，也註定不容易有太大的長進。

無庸置疑的，爛公司、爛老闆、爛同事眞的不少，有時候在心裡罵上兩句無可厚非，但是如果抱怨及批評已經決定要離開的公司，並不能爲我們帶來什麼好處，還會爲我們帶來往後的負面風評時，就不應該浪費太多的力氣在這種地方。

一個浪費大量時間及精神在批評老東家的人，在他人眼中，從來就不會像是個人才，更像是個不適任者。

我們當然可以在心中想著，並對自己期許一定要當個擇木而棲的良禽，但最好別將這些言語掛在嘴巴上，因爲在他人的眼中，將「良禽擇木而棲」掛在嘴巴上的人，看起來其實更像是「嫌巢而離的劣禽」。

班傑明．富蘭克林曾說：「傻瓜的心在嘴裡，聰明人的嘴在心裡。」如果要在職場上當個聰明人，就別當一個將傻話掛在嘴巴上的笨蛋。

心若改變，你的態度跟着改變；態度改變，你的習慣跟着改變；習慣改變，你的性格跟着改變；性格改變，你的人生跟着改變。

——心理學家馬斯洛（Abraham Harold Maslow）

面子與裡子
在乎面子失去機會，在乎裡子充實自己

我有一位在百貨公司當櫃姊的朋友，無論是工作還是私底下與朋友相約，身上一定背名牌包包，穿知名品牌的百貨公司衣服，但她的薪資並不高，所以在用餐上相當節省。

當時iPhone手機剛問世不久，她就立刻「敗」了一支，每個月分期繳交高費率的手機合約，但她不但不覺得這樣有什麼不對，還曾經很神氣的對我們說：「這是一個資訊的時代，我辦這個手機及網路，可以常常吸收新知、跟得上時代，我覺得你們每個人都應該去辦一支。」說著說著，臉上滿是得意的神情，覺

得自己好像高人一等，非常有面子。

那是一個智慧型手機剛出來的年代，無論是網路速度、APP的研發及完整度，都尚在萌芽的階段，功能還不是那麼好用，連LINE都沒有，手機充其量只能當一個簡易型的電腦上上網。而所謂的資訊，不過就是看看一些八卦新聞、購物，根本沒有什麼太多眞正有用的資訊，薪資已經不太高的她，卻還每個月分期花了數千元在包裝這個形象。

很顯然的，醉翁之意不在酒，對她而言，在於這支手機的炫耀效果，讓她覺得自己很有面子。

事實上，這位櫃姊其實工作表現與評價都不太好，工作經常開小差、低頭玩手機，對於客人的服務態度也常被投訴；雖然站過不少的品牌櫃位，卻沒有一個願意雇用她作爲長期雇員，多爲代班性質的臨時櫃。可見得，雖然她一直都在追求想要的面子，但自始自終，並沒有得到太多的裡子。

即使拿了最貴的手機，她非但沒有贏得他人的尊敬，也沒有贏得工作上的成就感，更不像她自以爲的，比他人獲得更多有用的資訊。最終敗出去的這筆錢，並未爲她帶來太多的具體效益。

靠物質才能感受到自己的價值

在看了這位櫃姊的行爲後，我赫然發現，自己也有過類似的經驗。

我十八歲左右時，剛好遇上BB Call漸漸退流行、手機慢慢普及的時代，那時候的手機，沒有彩色只有黑白機，來電鈴聲只有和絃音，不能播放流行音樂；當然，上網、拍照功能那些是不可能有的。

也就是說，當時的黑白機，貴與便宜最大的差異不是功能的多元性，只有「造型」的不同。即使如此，對當時年輕的我們而言，能拿上一支造型帥氣、價格昂貴的手機，在同儕的面前不知多有面子。

於是我跟班上的好朋友利用暑假期間去打工，把賺到的錢拿來購買當時又貴又帥氣的手機，因為新的太貴，買的還是中古的，反正拿來作面子，沒人知道是不是新的。還記得那時我和朋友一起去吃一百多元的平價牛排，最喜歡把手機帥氣的放到桌面上，一來炫耀最新的手機，二來代表我們的身分。

現在回過頭來想想，這樣的行為有多幼稚，而我們自以為是的面子，在別人眼中看起來，更像是個膚淺的屁孩。這樣的虛榮感往往是短暫的，不但未能真正為我們累積什麼情緒收入，可能還犧牲掉不少的時間及金錢。

當我們長大經濟獨立，開始擁有一些自我價值時，手機這種身外之物，反而不再有拿來代表身分的意義，只需考慮其便利性及功能性。一支手機只要沒有壞，軟硬體沒有被科技淘汰，我可以用到三至四年以上，就算被人笑機型老舊也不以為意，其實，這也是一種成長——不再需要靠物質來滿足自己的面子，重視的是，更實在的裡子。

心理脆弱的人爭面子，心理強悍的人要裡子

美國舞蹈家瑪莎・葛蘭姆（Martha Graham）曾說：「全世界的人怎麼看你，眞的不關你的事。」

有些人非常在乎自己的面子，甚至需要仰賴外在的物質來彰顯自己，這是還沒找到自我價値的表現，只能依靠外在才能找到存在感。

還有不少人爲了眼前的面子及利益，反而影響到長期的前途。當一個人愈來愈重視面子時，就代表他愈來愈停止進步了。

有人爲了愛面子，不願意與他人學習請教，失去了成長的機會。

有人爲了愛面子，不願意與他人應對互動，失去了良好的人緣。

有人爲了愛面子，把錢花在奢侈的物質上，失去了用錢的效率。

其實與裡子相比，面子眞的沒那麼重要。

過度在乎面子的人，不單單自己的荷包要配合著面子散財，往往也同時必須

承受不少的情緒成本，去在乎他人的眼光，呵護自己的尊嚴，反之，所有高成就的人，反而最不願意去浪費這些情緒成本，他們只重視事情的本質，只願意花心思去顧好裡子。

只有心理脆弱的人才爭面子，心理強悍的人根本「不要臉」，因為，他們只爭裡子。

Mood List

真話與鬼話

鬼話中聽反而能圍事

過去，人們總喜歡推崇能夠講「眞話」的人，認爲這樣的人正直又有擔當，是值得結交的人，能爲我們帶來較正面的情緒收益。反之，人們總會去貶低那些「鬼話」連篇的人，認爲他們不夠正直、胡說八道，經常只能帶來負面的情緒成本。

但是，這樣的認知可能不一定正確。

有一次，在鄉下地方的一間小學裡，一位學校的家長委員喝了點酒，帶著幾分醉意在校園中散步，雖然沒有做出什麼太失當的事，但也引起了旁人側目。副校長當時恰巧在巡視校園，又恰巧沒認出這位家長委員，看他帶著酒意，就上前關心一下，想要將他請出校園。

「你不知道我是誰嗎？」

這位家長委員非常生氣，認爲自己只是在校園內走走，副校長憑什麼可以來趕人？而且他好歹也是學校的家長委員，副校長竟然不認識他。

「這裡是校園，我的職責就是維護校園安全。」副校長認爲，自己是學校幹部，本來就有關心校內來訪人士的職責，這個作爲完全沒有問題。

兩人都有自己的堅持及立場，面子也都有些拉不下來，讓原本應該和氣的校園，產生了芥蒂及耳語，委員跟副校長只要一找到機會，就各自跟身邊的親朋好友們訴說著對方的不是。爲了平息這場無聊透頂的地方紛爭，雙方還請了和事佬。

說「真話」的校長

既然是在學校裡，第一個想到的和事佬人選，當然就是平常做事有條有理，又能說「眞話」的校長。校長認爲，這個小誤會其實雙方都有錯，要和解最好的方法應該是讓雙方都認知到自己的錯誤，只要放下身段各退一步，應該就能握手言和吧！

於是校長跟家長委員說：「委員，校園內畢竟不是適合喝酒的地方，你喝酒在先，副校長也只是盡他的職責，你就跟副校長道個歉，大家和氣生財嘛！」

接著校長又跟副校長說：「副校，家長委員對學校畢竟有貢獻，你不認識人家未免太失禮了吧，你就跟他道個歉，大家開開心心嘛！」

這些都是眞話，但這個如意算盤打得響嗎？

一位是位高權重的委員、一位是德高望重的副校長，兩人都是地方上有頭有臉的人物，平常臉皮就已經夠薄了，要先低頭道歉，這個臉是怎麼樣都拉不下來的，校長的介入，似乎反而把雙方的矛盾擴大了。

說「鬼話」的里長

怎麼辦？最後只好再找來人緣好、擅長幫里民喬事情的里長。但里長要如何去處理這件事情？

結果里長打電話給副校長說：「唉唷，委員也知道自己喝酒不對，他私底下也有說對您很不好意思，您是德高望重的副校長，就給他一點面子，接受他的善意嘛。」

里長再打電話給委員說：「唉唷，副校長怎可能不認識您，他平常聊到您可是景仰有加，不過因爲那天您沒穿平常的帥西裝，天色又暗才會一時不察，他也很不好意思，您就大人有大量，接受他的善意嘛。」

這當中其實加入了些里長自己編的好聽話，但這些本來雙方都沒說過的「鬼話」，卻在這場無聊的紛爭中起了關鍵性的作用，讓兩人的矛盾就此解開。

看懂別人是什麼鬼，才能說出好鬼話

美國行銷專家賽斯高汀（Seth Godin）曾說：「行銷不只是你做了什麼產品，而是你說了什麼故事。」

喬事情有時候就像行銷，重點不是事實（產品）本身長什麼樣子，而是我們如何去形塑出雙方都滿意的說法（故事）。

情緒這檔事，本來就是無形的，本來就不完全理性，校長與里長，誰說的話比較實在？

肯定是說「眞話」的校長，他點出了雙方的錯誤：委員失態、副校長失禮。然而實際上，最後能夠達到目的的，卻是說「鬼話」的里長。因爲無論是位高權重的委員，還是德高望重的副校長，其實耳朵都很硬，很多話聽不進去，既然如此，不如用他們聽的進去的「鬼話」來溝通。

這個所謂的「鬼話」，可不是什麼胡說八道，而是懂得察言觀色，弄清楚目標聽眾的脾氣後，再依照不同的方式及技巧進行溝通。

哲學家亞里斯多德曾說：「想說服人，不是靠理性，而是感性。」

要掌握好人們的情緒成本，很多時候，並不欠缺說「真話」的人，卻很需要懂得講「鬼話」的嘴。

有人重裡子，有人愛面子，有人要架子，你得先看懂別人是什麼鬼，才有可能說出一口好鬼話。

顧客與奧客

服務有價，別當不講理的奧客

有家賣米粉湯、切小菜的路邊攤，由於味道道地，價格又便宜，生意好到不行，經常大排長龍，客人一組接著一接來。

服務品質呢？差到不行！有趣的是，這家店的服務態度很不好，不僅經常跟客人吵架鬥嘴，吃太慢、點太多老闆還會罵人趕客人。

曾經有一次去光顧，因爲覺得生意好，味道又不錯，所以除了米粉湯外，又點了不少小菜，嘴邊肉、豬頭皮、海帶、豆乾等等。想想，我應該是個好客人吧？雖然每樣單價都不高，但至少我們大力捧場。

結果老闆不客氣的酸了一句：「已經夠忙了，點那麼多幹什麼，不會留一些給人家點嗎？」呃……這是待客之道嗎？但偏偏他這種服務態度，生意就是很好，爲什麼？

因爲他的價格平實東西又好吃。換言之，在老闆的心裡，他覺得自己的定價並不包含「看客人臉色」，所以他也不願意付出任何「情緒成本」去顧到每一位客人的玻璃心，菜還得客人自己來端，好像是客人在拜託老闆賣一樣。

如果遇到比較不講理的客人，不是想辦法滿足客人的需求，而是直接生氣的送客，即使如此，這家路邊攤已經開了十幾年，生意一樣好到不行，是當地的道地老店。

路邊攤與五星級飯店

一樣是餐飲，如果我們把場景換到了五星級飯店，情況可能就完全不同了。

價格不同、服務不同、環境不同、擺盤不同，端出來的食物精緻度，也一定大有不同。

在路邊攤吃小吃，桌椅環境不可能太高級，可能就是自己找個位置、想辦法拉張椅子、拿好一組碗筷，再把想吃的東西塡好單走過去拿給老闆，有時候餐點好了，甚至還得自己過去端回來，才終於能吃上這麼一頓。

飯店呢？當你一走進餐廳時，看見的可能是精美的實木桌椅、乾淨整齊的用餐環境，服務生一進門就先給你一個鞠躬及微笑，坐下來後送上現泡的茶水、遞上溼紙巾，如果有外套及包包，還爲你提供置物的服務，再提供一份精美的MENU，爲你介紹餐廳的招牌菜。

換言之，飯店賣的不單單只是食物，顧客的「情緒成本」也是他們服務的一環，因此，價格較高的餐廳，將「情緒成本」的代價也加在價格上了，所以只要有服務的餐廳，一定有一成的服務費，每一樣餐點的單價，一定也比路邊攤貴上許多。

即使如此，對於正常的顧客而言，也不會覺得有什麼問題，因爲這就是一個合理價格換來的合理消費。

且五星級飯店對於客人的索求也應該有所限制，五星級飯店提供的是給客人的一種「尊榮感」，而不是服務人員的「自尊」，因此當有客人逾越了合理的服務範圍，不懂得尊重他人時，那麼即使客人付得起錢，仍然不會是一個好客人。

顧客與奧客

顧客與奧客的差別就是：正常的顧客，願意付出相對的價格取得相對的價值，而奧客，就是在不願意付出相對代價的情況下，卻還想提出無理要求、釋放不當情緒，希望得到超出合理價值，甚至企圖想將自己的負面情緒，轉嫁給他人承受。

過去服務業總是將「顧客永遠是對的」視爲王道，但這眞的得奉爲圭臬嗎？事實上這句話只有在一個情況下能成立：顧客願意付出相對的代價，在一個合理的範圍內買到等價的產品或服務，如果超出這個範圍，就會形成他人的「情緒成本」，這反而是店家最應該避免的最大成本。

而店家的情緒成本，可能包括了工作夥伴的委屈、怒氣、心理壓力等負面情緒，這些負面情緒看似無形，卻真真實實的影響一個店家的價值，不但會降低員工長期的士氣，同時也降低了所有人工作的品質，更甚的，也連同其他良善顧客的價值一起犧牲了。

如果店家接受奧客不合理的要求時，不但會爲工作夥伴帶來龐大的情緒負擔，同時會傷害到正常顧客的權益、失去了員工及顧客的忠誠，形成惡性循環，店家自然也因此難以成長了。

企業想永續生存，該掌握的是「顧客」，而非「奧客」，別為了奧客隨便去浪費我們的情緒成本。

劣幣與良幣

負面情緒累積，小心「劣幣驅逐良幣」

在某一個地區，常常聽到當地人在抱怨，由於沒有星巴克、麥當勞等連鎖餐飲的進駐，所以房價、租金都拉不高，經濟也帶不起來，連年輕人也留不下來，紛紛到外地去找工作，整個地區是愈來愈老殘窮。

「這裡想吃個像樣的餐廳都沒有，還要騎車到較遠的地方去。」

「年輕人都不願意留下來，覺得這裡工作機會少。」

「房價都起不來，整個經濟也起不來。」

這是這裡鄰里間閒聊當中經常會出現的對話，但比起精華地段的商圈，這裡還是有些低租金誘因能吸引到一些店家進駐。

曾經有間連鎖餐廳，在這個地區開了家分店，開幕期間作了不少促銷活動引來在地人嘗鮮。由於生意好到不行，每到用餐時間店門口即開始大排長龍。而且，由於餐飲品質不錯，生意維持的相當好，一般來說，這種連鎖餐廳的進駐，對一個地區的繁華無疑是一劑強心針。

然而詭異的是，這些生意很好的連鎖餐廳卻總是待不久，經營了一段時間後，紛紛選擇歇業離開，爲什麼？

見不得人家好的鄰居們

原來，當這些餐廳的生意做起來時，會承受不少非預期的鄰里壓力，雖然增加的營運成本不一定會讓餐廳就此倒閉，但更可怕的是衍生的「情緒成本」卻足以摧毀餐廳的營運士氣。

究竟有哪些「成本」負擔呢？

房東看到餐廳生意好，就處處想敲詐，擅自在租金裡加許多不清不楚的名目，還覺得餐廳生意好，是因爲自己的店面位置好、風水好，生意才能這麼旺，使得本來才十萬出頭的租金，一口氣居然漲到二十萬。

二樓住戶看到餐廳生意好，就開始刁難餐廳招牌的設置，認爲該招牌侵犯到他的居住權益，不但會有光害，招牌的設置還會破壞原本的景觀，應該要付廣告費，雖然那條街根本沒有什麼景觀可言。

三樓住戶看到餐廳生意好，就開始刁難餐廳老闆會排放油煙，破壞了他們的居住品質，應該要提供一些補償措施。即使這家餐廳所有的設備其實已經努力作到最好，完全符合政府的法規。

旁邊住戶看到餐廳生意好，就開始過來抱怨，排隊的人潮造成他們的困擾，又是噪音又是髒亂的，並要求他們應該要付出騎樓的使用費用，補貼他們居住權益的損失。

於是就算店家的品質再好，生意也不錯，但整天要面對這些鄰居的折騰，勢必得承受龐大的情緒成本，最後不得已，還是選擇離開。

眞正的好店家，有時候就算有錢賺，但賺得那麼痛苦，他們通常也不願意留下，反而因爲有實力，乾脆抱著「此處不留爺、自有留爺處」的心情離開。

劣幣驅逐良幣

到頭來，這條街的好店家總是留不住，反而最後留下來的，都是一些質感比較差、老闆不講理，不怕爲鄰居帶來麻煩，且不怕跟他人衝突的店家。諷刺的是，愈是差勁的店家，鄰居愈不敢來找麻煩，愈是能在這條街上好好的作生意。長期而言，整條街的店面不是放著長蚊子，就是得租給品質比較差的承租方，好店家永遠留不住，整條街的氛圍及經濟情況當然也就每況愈下，愈來愈差了。

鄰里間的相處愈寬容，就愈容易吸引到同樣寬容的朋友，愈刻薄，就愈容易

引來同樣刻薄的朋友，於是當鄰里間每個人總是用刻薄的方式來待人，就容易形成「劣幣驅逐良幣」的現象。

「劣幣驅逐良幣」是經濟學中被廣泛提及的概念，意指只要市場結構不完善，好的東西容易被汰換，較差的東西反而容易生存下來，隨著長時間的經過，整個市場的組成結構就會愈來愈差。

所以如果一個地區經常在抱怨經濟不活絡，留不住人才時，很大的原因是整個地區的結構出現了問題，形成了劣幣驅逐良幣的情形。該做的，不是抱怨外在環境，而是得從自省作起，因爲最大的問題，往往就出在這些見不得人家好的鄰里上。

別再只看見有形的利益，有時候無形的感受，更能決定一個地區的素質。

Mood List

Part 2

情緒資產

圖3.　情緒資產金字塔

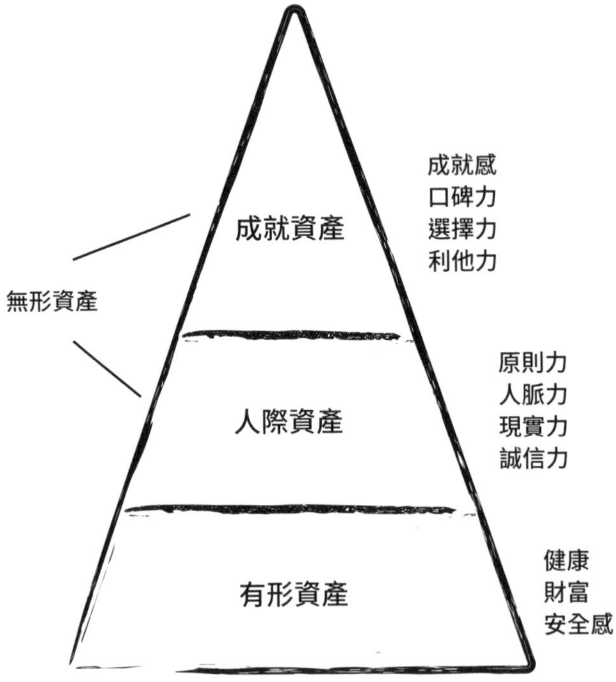

情情緒資產可概分為有形、人際及成就資產，三者形成一個金字塔的概念，最高層需要藉由下兩層日漸累積，形塑出一個人長期的正向情緒力。

何謂「資產」？

在財務報表中，所謂的資產，是指透過過去的交易或行為，形成可能能為未來帶來某些效益的資源。這樣的概念，我們也可以運用在「情緒資產」中。

情緒資產具有幾個特色，首先，他們是過去累積而成的，非憑空出現或是一夕造成。透過一個人過去處事行為的點點滴滴，可慢慢的孕育出未來情緒資產的樣貌。

所謂的情緒資產，應該是能被一定程度的擁有及控制，進而在直接或間接的情況下，穩定在未來產生情緒上的效益。絕非一個單純的口號或是心靈雞湯。

想想，是不是有某些朋友，只要跟他相處就會感到愉悅，只要跟他交談就能感到快樂，有些朋友，相處起來卻讓人備感疲憊，正所謂酒逢知己千杯少，話不投機半句多。

擁有情緒資產的人，往往就像是千杯不嫌多的知己，不單單能夠維持自己的好情緒，也能感染身邊的人跟著擁有好情緒。

情緒資產的樣貌有哪些？

所謂的情緒資產，就是為自己累積起一些習性，能為自己帶來未來長期的正面情緒效益。

那有哪些元素，可能成為我們的情緒資產呢？

不少心理學家都曾經對人們的需求提出相關看法。佛洛伊德認為人們的人格可概分為本我、自我、超我；馬斯洛認為人們的需求可分為生理、安全、人際關係、尊重、自我實現等；奧爾德弗（Clayton Alderfer）則提出人們有生存、關係、成長等需求。

可以說，物質上的充足、人際關係的滿足，以及成就感的富足，都是情緒資產的重要因子，因此，良好的情緒資產，應包含「有形」及「無形」兩部分。「有形資產」包括了健康、財富、安全等，這是一個人維持情緒最基本的實質需求，以金字塔來說，是最底層最基本的一層。「無形資產」又可分為「人際」及

「成就」，則須藉由慢慢累積起來達成。

其中，「人際資產」包括了人脈力、現實力、誠信力、原則力等人際關係能力。「成就資產」包括了個人的口碑、選擇力、利他力、換位力及成就感等等。

且每一個人情緒資產的樣貌，應該都是有些差異的，不可能複製他人，要自己去調整並客製化，編製出屬於自己獨一無二的情緒報表。

培養情緒資產有一個很重要的訣竅，就是認識自己，找到自己的天賦及興趣，活用自己過往的資源及經歷，並好好的去發揮綜效。

對我而言，「寫作」可能就是一種情緒資產。因為寫作讓我賺進稿費、版稅，讓我能吃好一點，這是一種「有形資產」；寫作讓我有機會認識更多不同領域的朋友，參與不少過去不會參加的活動，豐富了人際關係，這是一種「人際資產」；寫作幫助我思考及沉澱，還因此有了些口碑及成就感，這就是一種「成就資產」，如此，寫作為我帶來的金字塔樣貌即逐漸成形。

情緒資產，一種可以一直陪伴我們的資產

為了生存，人們會去探索未知，避開衝突與危險，建立社會的信任感關係，培養與人之間的感情、做自己感到愉悅的事情，換言之，聰明的情緒會讓人們在不知不覺中，趨吉避凶，做出對自己更有利的選擇。

情緒是種多元感受、思想及行為綜合的身體及心理狀態，有些是與生俱來的，有些是後天學習而成。而後天往往需要透過人與人之間的互動關係學習，因此，每個人的情緒資產組成樣貌都會不一樣。

情緒可以是主觀的感受，也可以是客觀的生理反應，通常會經過認知評估、身體反應、感受、表達、行動傾向等。

當一個人實現了目標及理想時，評估系統就會告訴我們，這是一個快樂的感情色彩，進而影響身體狀況，讓我們振奮有活力，進而在心裡感受到這些變化，最後透過語言及非語言的表達及行動，產生一連串的正面情緒行為。

反之，如果一個人碰到了厭惡的事情，評估系統就會告訴我們，這是一個不愉快的感情色彩，會影響到身體狀況，心跳頻率改變或乏力等，進而在心理感受到變化，影響到一個人的表達及行動，最後決定成為一種負面的情緒行為。

所以，當一個人能不斷的積累情緒資產，他就能長時間的處於一個正面的情緒行為中，進而帶動一個人長期正面的生理、心理、表達及行動等。情緒資產，是一種可以陪我們的生命走很長的資產。

達爾文說：「情緒大多有目的性，是自然選擇的產物。」只要能夠不斷的積累我們的情緒資產，就能讓我們爬的更高，走的更遠，活的更富足，成為一個情緒的富翁。

人脈力
人脈如食物，天然的價值才高

無論一個人多有才，如果少了機會就會有志難伸，因此常聽人說人脈即錢脈，只要能夠結識各行各業的朋友，就能獲得不少發展的機會，所以按理說，擁有愈多的人脈，就能擁有愈多成功的機會。人脈可以說是一個人相當重要的資產，不但能爲我們帶來不少實質好處、長期而穩定的人際關係，更能帶來情緒收入。所以綜觀以上好處，我們應該更積極的爭取人脈嗎？

事實上，並不是所有人脈都一定是好人脈，有時候，一些半推半就而來的人脈，或許帶來的不單單是機會，更多的是困擾，帶來的或許不是情緒收入，而是

花費過多的情緒成本。學會分辨篩選這些人脈的種類，才能為我們省掉沒必要的麻煩，降低沒必要的情緒成本。

硬推的產品、硬塞的名片

前陣子有一位做業務的朋友打電話給我，一直讚譽自己的公司有一位陳大哥如何的見識不凡，帶給他不少的人生智慧。他相信這位陳大哥也能帶給我不少的啟發，正因為看重我，希望能給我機會，所以一定要介紹給我認識。

一來我懶得應酬，二來我也不考慮光顧這位朋友的產品，就委婉的謝絕了，認為交朋友這種事，無需太刻意的安排，有機會再順其自然認識就好。但是過沒幾天，這位朋友又來了第二次、第三次的邀約，積極的態度及熱情的言語，實在讓人有些盛情難卻，於是就應邀了。

原來這位朋友口中的陳大哥是公司的資深業務，有不錯的口才及銷售力，對於人生智慧也有一套自己的見解，能夠滔滔不絕的談上半小時，當中還結合了不少勵志金句名言。

但老實說，這些心靈雞湯，眞說要能帶給我們什麼有用的新啟發，似乎也不盡然，多數是老生常談，但我也給足面子讓他暢談，而在餐敘的過程中，他當然也少不了對自家產品的大力推銷。

最後我仍然沒有捧朋友的場，生意沒有作成，自然就無法成爲他們心目中的「好朋友」，於是這位朋友，慢慢的也就漸行漸遠了。

另一陣子，因爲家裡需要裝潢，開始搜尋相關資訊，一位長輩知道我們要裝潢，硬塞了一張裝潢師傅的名片給我們，自信滿滿的指示我們報他的名字，去聯繫這位裝潢師傅。由於這位長輩平時爲人頗爲強勢不太圓融，老實說，我們對於他的推薦其實信心不大，但既然名片已拿就問問吧！

電話接通後，這位裝潢師傅人很客氣，也很有耐心地了解我們的裝潢需求，起初談話還算頗爲投機，直到我們開口說是某某人介紹來的，他才忽然沉默了約莫幾秒鐘後告訴我們，希望可以另請高明。

爲什麼？

原來這位裝潢師傅曾和那位長輩合作過，被硬性扣款又被要求在裝潢上加東加西，雖然不到賠錢的程度，但利潤被不合理的壓縮，又需承受不少負面情緒，實在不想再和我們這位長輩有所牽連。而這位長輩因爲沒有自知之明，本來想賣弄一下人脈，卻反而讓我們看了場笑話。

半推半就來的通常不是好人脈

第一個故事的朋友，力邀他人來認識陳大哥，希望順水推舟也推銷自家產品，是高估了朋友的魅力。

第二個故事的長輩，認爲自己有好大的面子，報上名號就能有特殊待遇，殊不知人家根本不想再跟他作生意，這是高估了自己的魅力。他們共同的盲點，都是高估了自己的所見所聞及人脈價值。

這類人提供的人脈，通常不但不值錢，還可能帶來些情緒困擾。

愈是徒增困擾的人脈，就愈容易像這樣半推半就而來，愈是習慣半推半就推薦人脈的人，提供的資源往往也愈不具價值，正因為平常不會有人想主動去探詢他們，而他們又有展現人脈的欲望，才養成他們積極引薦的習慣。

事實上，愈是好的人脈，愈容易在自然而然間形成。好人脈的出現大多在彼此善意的眞心相待間產生，當價值觀相近時，即使沒有刻意經營，也能水到渠成，如果價值觀相左，即使勉強撮合，也只是徒增彼此的困擾罷了。

食物愈是天然，營養價值就愈高，人脈亦然。

好人脈不能完全依賴他人的推薦，能力夠了，有足夠的個人價值時，好的人脈自己自然會出現。人脈要的不是多，而是精。

口碑力
不良的引薦只會打壞自己的名聲

幾年前，曾有一位不算太熟的朋友要介紹客戶給我，說他朋友張先生有些稅務及財報上的問題，希望我能幫忙，想當面跟我談一下。

因爲案子說的不清不楚。所以我說：「有些情況我不一定能幫得上忙，或許可先透過電話或Mail了解一下，以免浪費彼此的時間。」

但這位不算太熟的朋友，卻堅持要當面談，說服我這樣感覺比較正式，還直接指定了「時間」及「地點」，希望我能一起過去討論一下。

雖然覺得這樣沒頭沒腦的討論很浪費時間，但當下拗不過這位朋友，只好先勉爲其難地答應，想說當天再了解也好。

約定當天，我提早十分鐘到，打電話給這位不太熟的朋友時他卻說：「不好意思，我手邊的工作還沒結束，你跟張先生先談沒關係。」然後就給我一個電話號碼，請我直接聯絡張先生。

我打過去：「喂，張先生您好，我是今天跟您有約的朋友，我已經到了，請問方便直接上去找您嗎？」

「喔，不好意思，我剛好外出辦事，你在旁邊找家店坐一下，我馬上回去。」張先生說。

原來他們指定了自己方便的時間地點後，一個缺席，另一個遲到。

其實當下，我已經感到有些不受尊重，很想回絕這次的邀約，但既來之則安之，還是先答應等對方，索性到附近的店家喝杯咖啡、看看雜誌，打發打發時間，心想：「應該不會等太久吧。」

這一等，就是一個小時，張先生終於出現在他自己指定的地點。結果他的問題是他跟公司股東有些恩怨，有不少不清楚的金錢糾紛，已經彼此互相提告，走進訴訟程序了，他希望我能從公司的財務報表中找出毛病，想在法院上多告他們幾狀，並期待我能兩肋插刀幫忙。

正所謂清官難斷家務事，一來我並沒有賺他們的錢，這些人、這些帳我都不熟，我要怎麼抓？再加上對方是一個不懂得尊重對方時間的人，我幹嘛淌這混水？但也沒必要樹敵，於是當下禮貌性的給對方幾個無關痛癢的建議後，就拒絕了這個委任。且自此以後，這位自己指定時間地點卻又缺席遲到的朋友，以及他所推薦的客戶，我一概都不接了。

幫我介紹律師及地政士吧！

另外一次，我有一位遠房親戚，他在南部的土地因爲一些政府規劃的問題，沒辦法成爲建地，他覺得自己的權益受損，心有不甘，一直希望能夠靠關係或找有辦法的專業人士來幫忙他打這場仗，看能不能拿回更多的土地利益。於是，他在一次的閒談中希望我能幫忙引薦。

「請幫我介紹有正義感的律師及地政士，能夠協助我向政府爭取我應有的權益。」他說。我聽到「正義感」三個字，立刻眉頭一皺，深怕案情恐不單純，於是我繼續探詢下去，想知道到底他需要的，是什麼樣的引薦？

「就是最好能夠義務幫忙啦，你們專業人士應該彼此都很麻吉吧，如果能夠成功幫我爭取到這權益，我到時再包一個大紅包給你們。」

我的疑慮沒有錯，原來他是想要「兩袖清風、行俠仗義」的引薦，最好是不用錢的那種，還要求他人要全力以赴的幫忙。我並不是沒有熟識的律師跟地政士，但我能介紹給他嗎？

不良引薦，徒增他人的情緒成本

如果我眞的當了引薦人，到時候被拒絕往來的對象可能就變成我，因爲我很清楚，這位遠房親戚絕非一個好客戶，把爛客戶引薦給別人，根本是在找人麻煩。無論是生意上的引薦，還是單純的只是介紹朋友，只要是不良的人際關係引薦，都是找他人麻煩，會爲他人帶來沒有必要的情緒成本。

當然有的時候，我們並不能完全準確的判斷這個引薦到底妥不妥當，如果是這樣，不如先把醜話說在前面，先跟準備引薦的目標人士談談，告知自己的疑慮，再交由他來們自行判斷，不適合就推掉，不要勉強湊合。

每一次的引薦，或多或少都有一定人際成本損失的風險，雖然常聽人說，要多多創造人脈連結的機會，但如果丟出來的總是爛攤子，反而會扼殺自己原有的人際關係，造成他人的困擾。

要學會控制自己的情緒成本，也要懂得顧慮他人付出的情緒成本。要介紹爛咖，不如不要介紹！

安全感

相對於恐懼這昂貴成本，安全是最大資產

如果有一個機會可以讓你不用付出太多的努力，就能立刻進帳幾十萬，你願意把握嗎？

曾經有位朋友，有一天神神祕祕的希望私底下請教我一些問題，我們就約在一家客人不多、較安靜的咖啡廳聊聊。

原來是他朋友接到一個案子，當中有不少的油水及回扣，爲了要能作的更安全及漂亮，順利規避被查緝的風險，需要一家人頭公司爲中間人，來幫忙蒐集所需要的進項發票，並負責用公司名義開出主要的銷項發票。問我像這樣的案子，

會不會出什麼問題？

無庸置疑的，這是一個檯面下的違法行爲，然而這案子的主導者卻宣稱，只要大家都是共犯，就不可能會出現什麼問題，安全的很，請我這準備當人頭的朋友放心。

要知道，眼前幾十萬白花花的現金，對於現在的年輕人來說，想賺進這筆錢可相當不容易，機會難得，能輕易錯過嗎？於是這位朋友就約了我，想問問：這筆錢到底能不能賺。

作最壞的打算

老實說，我過去沒有得到過什麼收回扣的機會，不清楚眞正的內幕，不敢保證像這樣的案子，是不是眞如同他們所說的不會出問題，但就公司營運的角度來判斷，聽起來其實危機重重。一來朋友的公司沒什麼其他營業額，接了這筆生意，不就一整年公司只有這筆交易，隨便查都可以查出問題；二來很明顯的，萬一案子爆發了，掛人頭的這位朋友一定首當其衝，躲也躲不了，所有的罪責都得他扛下。

就法條來看，這樣的作法違反了商會法、稅法等相關法律，以明知為不實之事項入帳，或利用其他不正當方法使財務報表發生不實，像這樣的案子只要被舉發，是可被處以有期徒刑、拘役或併科龐大罰金的，而這還沒有計算因為逃漏稅，可能衍生出的鉅額罰金。

當然，在一個大道德的架構下，這件事無論如何都不該做，但無奸不成商，在談錢的商場上，談太多的道德觀有時候人們聽不進去，所以我只給了他一個建議：「如果你現在是沒有家累的亡命之徒，或許可以考慮接，反正你本來就在刀口下過日子，生活原本就戰戰兢兢，出事了，情況也不可能更差了；但如果你有家人，不差這一筆錢也還能正常的活下去，希望還能在社會上立足，那麼最好別碰！」

我並不喜歡用正義感來解釋這些，但我認爲每一次的選擇，都應該要考慮風險成本、機會成本及情緒成本，這筆交易聽起來，確實可能爲他帶來無法衡量的風險及麻煩。就算短時間僥倖逃過了，也不能保證這個未爆彈哪一天會爆，哪一天這個麻煩會再次找上門。

若爲了賺進這一筆錢，未來好一段時間勢必得在擔心及恐懼中度日，心裡一定不踏實，生活一定不快活，而付出的情緒成本，將足以影響一個人的一生。

安全感，是情緒最基本的需求

巴菲特曾說：「如果你給我一把槍，告訴我裡面只有一發子彈，問我要多少錢才願意對自己拉動板機，我都不會去做。」因爲就算只有極小的機率會中彈，只要這個風險可能發生、亦是我們沒法承受的，即使收獲再豐、機率再小，聰明人都應該避免去嘗試。

馬斯洛提出的需求理論中，曾經將人們的需求分成了幾個層級，分別爲生理需求、安全需求、人際關係需求、自尊需求、自我實現需求。而除了吃、喝、拉、撒、睡等生理需求外，對人們最重要也最基本的，就是「安全」的需求。這個「安全」的需求，除了有形的人身安全外，也應包含無形的心理安全感。**如果一個人連自己最基本的安全感都沒有辦法被滿足，就算擁有金錢、社會地位、自我實現等的需求，都不會過得太安穩**。

人身安全及心理安全，是一個人最基本的情緒資產，唯有擁有這項資產，一個人方能更無後顧之憂，去追求更高層次的需求。

修身、齊家、治國、平天下，想要追求更高層次的自我實現之前，你得先有踏實的安全感，才能進而實現更多的可能。

利他力

以為利他，其實是一件自私又利己的事

我曾經有一次看見鄉下鄰里家養的狗狗小黑，在田間奔跑玩鬧時，因爲衝的太快煞車不及，不慎掉進了一個大水溝中，此時，小黑的主人不在現場。

這水溝深約三公尺，水深及膝，所以雖然水溝很髒很臭，但不至於有危及小黑性命的急迫性，麻煩的是，這水溝並沒有設置坡道，只有陡峭的邊壁，所以雖然不高，小黑並沒有辦法用自己的力量爬上來，而且因爲事情發生的太突然，小黑顯得很害怕，僵在水裡一動也不敢動。

這時候，我心裡有兩個選項：

第一個，這個水深顯然不致於影響小黑的性命，而且這又不關自己的事，也不是我害小黑跌下去的，就直接離開吧，畢竟這水溝又髒又臭。

第二個，想辦法下去撈小黑上來，這個方案不會有什麼危險性，但得泡在冬天又冰又冷的臭水溝裡，總是有些讓人卻步。

然而當下想想，如果我選擇了第一個方案，直接離開，就算我不是兇手，心裡一定也會很不安，於是，爲了撫平自己內心的不安，我只好硬著頭皮，去旁邊找了戶人家，借了個簡易的梯子後，選定位置、架好梯子、外套一脫、褲管一拉，就慢慢穩穩的爬了下去。

撈小黑的過程，牠因爲太警戒又太緊張，咬了一下我的手，幸好傷口不深，最後好不容易硬拉上來，小黑一重獲自由後，連聲「謝謝」也沒說，就開心的扭頭就走了……。

雖然這整個過程，我不但拿不到半毛錢，也沒有人頒發獎狀給我，但想到這件事，內心是開心的，情緒是踏實的，再回頭想想，如果我視而不見就走掉，可能反而會很不安，成了心中的一個結。

之後每次見到小黑時，牠總是會過來跟我撒嬌一番，咱變成了很好的朋友，不只是小黑，連小黑的主人，我們都成爲了可以互通有無、互相幫忙的好朋友。

利他是為了自己的情緒資產

在求學及出社會的過程中，我也曾經受過不少老師、同學、前輩、朋友、客戶的幫助，雖然我不是一個很喜歡講究形式上回報的人，但其實還是會默默記在心上。同樣的，偶爾我們也會有些機會，能夠提供他人一些協助或幫忙，其實有機會能夠「利他」時，最大的收獲不應該是未來可能的回報，而是「利他」的當下，所能獲得的「情緒收入」，以及長期累積下來的「情緒資產」。

如果有一個人在做「利他」行爲後，就覺得別人欠他一份情，還喜歡掛在嘴邊要求回報，得不到時就抱怨連連，代表他根本沒有弄懂做這件事的本質，那這件事做與不做，對他來說，就不太重要了。

「利他」行爲的本質，是因爲我們認爲本來就應該這麼幹，而且這麼幹時我們感覺最爽，能夠獲得最大的情緒收入，這個行爲，其實跟別人關係不大，只是爲了自己的情緒。

有些人總是喜歡將他人做公益、利他的行爲，視爲該被檢視的事：誰捐了多少錢？捐的夠不夠多？做了多少的表面功夫？別鬧了，既然是利他，就不應該被要求檢視。因爲利他行爲的本質，最終都不是爲了別人，是爲了自己喜歡，既然是爲了自己，關路人甲乙丙丁什麼事？這利他的本質，本來就是自私的。

利他是自私的？

到底這句：「利他」的人其實是「自私」的，是什麼意思？

有神經學家發現，其實人們在利他時，潛意識中會獲得不少的正面情緒，這些正面情緒，將能夠強化人們內心的免疫力，同時強化正向的神經傳導物質，讓人們感到開心及充實。

因為利他行為的本身，正代表了我們有能力及資源，有足夠的條件去給予。

同樣的，就算拋開看不見的情緒面，互利也是一種人性，一個人只要有一定的能力，通常不會吝嗇回饋，於是「利他」行爲最後的結果，往往就是「利己」。

不管一個人有多麼自私，他的天性中都有一些原則，讓他有感於其他人的命運，並認為他人的快樂與自己相關，就算他自己無法從中得利。

——亞當．史密斯（Adam Smith）

原則力
決定每個選項都該為自己負責

一個社區商圈的某一條街，由於當地機車族眾多，里長也順應里民需求，劃了不少的機車停車格，依照規矩，只要是開門做生意的，至少都會留下一個通道供店家進出使用。

其中有一個店面因爲招租中，爲了能讓機車停車格的運用最大化，這個招租店面原先的出入口先是被取消了，取而代之的是臨時規劃出的一個個機車停車格，連一點走路的空隙都沒有。

問題來了，之後這個店面在經過一小段時間的招租後，順利的被租出去，新店家入駐發現前方被劃滿了機車停車格，如果想要出入，得先繞到隔壁店家才能再走出來，這對於做生意的人而言是完全不行的風水。

最重要的是，雖然整條街對於機車停車格的需求很大，但每間店家至少都還保留一個合理的出入口，部分店家甚至將貨架、桌椅等物品占用到騎樓。於是店家就親自去聯繫，並反應這個問題。

「里長你好，我們這是要做生意用的店面，但現在被機車停車格給劃滿劃死了，能幫我留一個通道嗎？」

「沒有問題喔，但因爲塗銷需要會勘及公文往返，如果你們很急的話，可以先自己用油漆把停車格劃掉，我再來處理後續的進度。」里長熱情的打包票說。

這眞是一個親民又有效率的里長，於是店家就依照里長的指示，先自己塗銷了兩三格停車格，讓店面中間有個出入通道，兩側仍然留給鄰里停放機車。

問題又來了，即使中間的停車格已經被油漆塗掉，但因爲習慣問題，仍有機車騎士硬是要將機車停在這裡，於是店家只好好客客氣氣的告知：「里長有請我們先劃出中間通道，留給我們做生意，請停其它地方，謝謝。」

然而將機車停到人家店門口的騎士，卻口氣強硬的反問：「里長我也很熟啦，你們要通道，那我機車要停哪？你們不會從旁邊繞出去喔。」

雖然給店家留通道是這條街的共識，但正因爲之前曾劃成了停車格，這位機車騎士認爲，已經劃上的停車格要減少，就是自己權利的損失，至於店家好不好作生意，其實不在他的考慮範圍內。

就這樣過了一段時間候，更大的問題又來了。忽然某一天，原先用油漆塗銷的中間通道，竟然又被重新劃滿了機車停車格，店家的出入口又消失了，這是發生了什麼事？

不想得罪人的里長

原來，這一個月以來，里長根本沒有去跑公文程序，提出正式將中間的機車停車格註銷的需求，但因爲店家要做生意、機車騎士要停車，兩相權益本就衝突，最後乾脆選擇不作爲，請店家自己劃掉停車格，這樣就兩不得罪。

如此需要停車格的機車騎士，一得知里長根本沒有跑公文就立刻去檢舉，要求公部門即刻將中間的通道補回，這樣機車停車格就多了，至於店家能不能做生意，反正不關他們的事！

店家得知後，只好無奈的再繼續跟里長溝通，請他盡速協助改善問題，總不能讓一間店沒有自己專屬的出入口吧。誰曉得這位里長他口頭上又說「好好好，一定會去了解」，結果還是將事情擺在一旁，一晃又是一個月。

最後店家只好自己主動聯繫相關公部門，並積極的告知困擾及訴求，好好的去溝通這整件事情。幸好，這位承辦很明理，願意主動去與這位里長溝通，告知停車格規劃應該有其合理性及公平性，不應該讓單一店家的合理使用權益受損。於是終於在公部門進行了正式會勘後，才還給了店家合理的使用權益。

做個有原則的人，心中得有一把尺

這位本來想兩不得罪、面面俱到的里長，反而兩邊誰都沒有討好到，兩邊都有怨言。想要有更多停車格的機車族沒達到目的不說，店家雖然最後得到了合理使用權，卻浪費了太多的時間及精神。

其實這位里長本身人不壞，待人也客氣，但無論一個人再好，如果沒有依原則做事，失掉心中的一把尺，只想討好每一個人，最後反而可能沒辦法討好任何人。

每位聰明人都應該有一定的原則及分寸，很懂得在心中要有一把尺，該怎麼做就怎麼做。不是誰說話大聲，誰就能占盡便宜。

知名影星安海瑟薇曾說：「活著不能只討好別人，每一個選項都該爲自己負責。」記得，想討好每一個人的人，最後往往誰也討好不了。

如果你在小事上無原則，那麼大事上一樣沒有原則。——巴菲特

Mood List

現實力

先接受不完美，再試著改善它

「第七年了！第七年了！太不公平了！我全心全意投入在博士班，爲老師做牛做馬，跟指導老師一起發表過好幾篇期刊，都已經第七年了，老師還要刁難我的論文？」這是一個在某大學念了七年博士班學生的怨言。

身邊的友人安慰他，既然選擇念博士班，本來就是像打鐵啊！愈磨會愈鋒利，說不定老師是希望你以後去教書做研究，實力能更紮實。

「問題是，比我晚入學的學弟都畢業了！他不到四年就畢業了，還不是個全職學生，我爲什麼要磨七年，浪費我的青春在這？難不成老師不知道外面的教職有多難找嗎？留來留去就不怕留成仇嗎？」他不甘心的抱怨著！

細問之下才知道，原來這個學弟比他年長不少，是某間上市上櫃公司的高階主管，在職場上已經小有成就，回母校念書是受到老師的邀請，順便加碼自己的學經歷，而且不單單只是拿文憑，他還能提供不少實習及就業機會給學弟妹，在業界的經驗，更能直接成爲老師在課堂中的補充教材。

於是，這位他口中的「學弟」，博士班只是修修學分上上課，論文還是老師大力的協助，輕輕鬆鬆就拿到了文憑。相較之下，一個拚了七年還在掙扎，一個只用了一半的時間就完成，公平嗎？

錦上添花才是常態

「這世界太不公平了，好像你有成就，什麼都是對的，不像我們這些苦學生，做再多、說再對都是屁！」這個苦主大肆碎念起來。

另一個已經辛苦拿到博士學位的學長，更語重心長的勸告大家：「如果你想輕鬆的拿到博士文憑，等你功成名就再回來，說不定不用真的來上課，就直接頒給你一個榮譽博士。」

像這樣的故事，不單單只發生在博士學位上，職場上相類似的故事更是常見，最終得利拿到好位置的，往往不是最努力的人，而是最能拿出成績的人。

然而我們回過頭來換個角度思考，如果你是學校、你是指導老師，你更想收誰當學生？是一個只能幫忙寫論文，做助理工作的全職學生？還是個能提供產業資源，提供實習及就業機會的兼職學生？

答案似乎是顯而易見的。

這個世界很現實，「有成就說什麼都對，不然說再多都是屁？」不然呢？名聲、資源，以及說話的份量，本來就是人們努力的回饋之一；其實除了那些靠爸靠母族之外，絕大多數能站出來講廢話的人，多少有過那麼一點努力啊！

為了避免對人性失望，得先放棄對人性的幻想

愛因斯坦曾打趣的說：「如果我的相對論被證明是正確的，德國人就會說我是德國人，法國佬會說我是一個世界公民；如果我的相對論被否定了，法國佬就會罵我德國鬼子，而德國人認爲我是猶太人。」

錦上添花才是人性的常態，人們喜歡跟有成就的人合作，有了成績之後，做什麼、說什麼才會有說服力。那麼雪中送炭是錯的嗎？不，雪中送炭的存在，是爲了有機會成爲錦上添花之人的潛力股而存在的。試想，如果一個人墮落又不上進，以致窮途潦倒，你對他送炭，只是讓他找到一個好理由繼續頹廢。

意思是，送炭是要送給值得送的人，因爲這類人，有朝一日會爬起來，成爲值得他人錦上添花的人。

因此每一個雪中送炭的好故事，主人翁最終總是能逆勢向上，才能成爲一個勵志的好故事，不是嗎？

心理學家卡爾・羅傑斯（Carl Rogers）認爲：「心理和諧的人具有的特點之一，就是他們坦誠的對待自己的經歷，並試圖生活在現實的空間裡。」**聰明人懂得善待自己的情緒，不浪費過多的情緒成本在抱怨這些不公平，抱怨的再多，都不可能改變現實，不如在接受這個不平等的現況基礎下，再努力去找到最適合自己的利基及方向**。

人生而不平等，即使是同一個父母出生的兄弟姊妹，每個人高矮胖瘦一定不同，擅長的天賦跟興趣也一定不同，就連父母關愛的程度可能也不同，但如果我們永遠陷在覺得自己被不公平對待的負面循環中，就不可能好好的往前走。記住，不公平才是常態。一個人成不成熟的一個關鍵，就是他能不能認清楚這個世界的不公平，並且接受這個不完美的現況，再努力地去改善他。

為了避免對人性失望，我們必須首先放棄對人性的幻想。

——馬斯洛

換位力
接受異見，看見不同的世界

「請你對其他國家糧食短缺的問題談談自己的看法？」

這是一個沒有標準答案的論述題，提供給全世界各國的孩子來試著回答，結果發現，不同國家的孩子們都有不同的問題及盲點。

貧困的非洲孩子不知道什麼叫「糧食」，物資豐沛的歐洲孩子不知道什麼叫「短缺」，樂天的拉丁美洲孩子不知道什麼叫「問題」，傲骨的美國孩子不知道什麼叫「其他國家」，聽話的亞洲孩子不知道什麼叫「自己的看法」。

這個看似像個笑話的故事，告訴了我們什麼？

同樣的問題，不同文化、社會背景的孩子，看待同一個問題會有不同的盲點，會受到過去的經驗、教育及文化的影響，有著完全不同的解讀。

一定很多人會說，因爲他們是小孩，所知還不多，所以才會有這種問題。不，有時候，大人擁有的偏見可能更多。

就算我們已經長大成人，面對許多問題，有時候也跟這些孩子們無異，我們總是用一套自己習慣的價值觀，去解讀我們所撞見的所有問題，因此，有時撞見與自己迥異的價值觀時，就容易感到不適應甚至不順眼。

就像這道問題一樣，亞洲的孩子不知道什麼叫「自己的看法」，除了是指較缺乏主見外，也對於除了標準答案外的「他人看法」缺少了些接納。其實大部分情緒成本的產生，都是因爲源自於對他人少了同理心及接納，所以一看不順眼，一不認同，就急著去否定、批評，負面的情緒也就因此產生了。

接受這個世界，不會只有一種顏色

心理學家阿德勒曾說：「不是世界複雜，而是你把世界變複雜了，沒有一個人是住在客觀的世界裡，我們都居住在一個各自賦予其意義的主觀世界。」有效溝通、掌握情緒成本的根本，就是必須要先了解這件事。

「我有我的想法，這是我基於過去所學、所知淬煉出的事實。然而他人同樣有他人的想法，也是因爲他人過去所學、所知淬煉出的事實。」

過去學校教育告訴我們，一個題目往往會有一個標準答案，而一件事也只會有一件事實，當我們認定自己所想的就是「唯一答案」時，很自然的會否定他人的答案。反之，如果我們理解答案非唯一時，就能帶著更平和的態度去分享自己的觀點，也接納別人的觀點。

很多朋友喜歡邊看特定立場的文章或節目時跟著義憤的罵，基本上這些文章與節目，一定都是對自己隱惡揚善，將一點點的成就無限放大，再把破綻埋好藏好。相反的，他們也一定會對異己隱善揚惡，想辦法找到異己的缺點，再大肆宣揚，所以多數都是不客觀的。

我並不排斥看這類型的文章，有時候還會覺得頗有意思，因爲若能跳脫立場，再換位想想，「這些人爲什麼要這樣寫，爲什麼要這樣說，他們的目的是什麼？」就會發現，其實每個人的每句話，都有他的背景及目的性。

莎士比亞曾說：「事情本無好壞之分，只是緣於觀點不同。」所以不要輕易將所有事情二分法，對於中間的模糊地帶，應該有更大的空間跟接受度。

學會戴上不同顏色的眼鏡看世界

這個世界是由各種顏色所組成，所以我們不該只戴一種顏色的眼鏡來看世界，而是應該會學換上不同顏色的眼鏡，學會從不同的角度立場來看事情。

伏爾泰曾說：「我並不同意你說的話，但我誓死捍衛你表達意見的權利。」

就是對於不同觀點的尊重。可以不認同，但應學會尊重不同意見的存在。**擁有自己的觀點是一件很棒的事，能夠去接納別人觀點的存在，會是一件更棒的事，可不認同，但不用急著抹滅**。

就像有人喜歡看正能量的勵志文，有人喜歡看負能量的厭世文，其實也只是透過另一個角度，重新來看待這個世界，並提供了人們一個「負負得正」的反思機會罷了。很多時候，情緒成本的來源，就只是少了些同理心，學會換位思考，接受異見的存在，就能有效掌握自己的情緒成本。

帶上有色眼鏡，不是為了存有偏見，而是要試著看見不同顏色的世界。

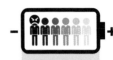

誠信力

說謊成性，到最後連自己都不相信

一家在百貨公司經營門市的服飾企業，在一個週日的人潮湧現過後，發現櫃位的庫存有所短缺。當天有早班跟晚班兩位門市店員，按例在交班時要做好清點工作，所以在正常的情況下，庫存短缺的責任應該落在晚班的店員身上。

在與主管報告時，晚班店員卻一口咬定，當日早班的庫存可能沒有清點好，在交班的時候商品就有短缺了。早班店員聽到急壞了，他很肯定自己在交班時，有明確的清點好數量無誤，並由晚班的店員確認後才下班。

其實短缺的數量不大，不是一個太嚴重的問題，然而公司的庫存有短缺，總是要有個結果，於是主管調閱百貨公司的監視器，想找找能不能看出什麼端倪。幸好，恰巧有一支監視器，就正對著櫃位的結帳台上。

於是，就在查閱了整個影像過程後，發現應該是晚班的店員，在其中一位客人的結帳過程中，漏結了部分商品，致使實體及電腦庫存數字有落差，這應該是晚班店員的責任。

然而這項疏失，按理說在當日閉店時，晚班店員一定會發現，他卻選擇了「說謊」想瞞混過去，甚至賴到同事身上。

但大家畢竟同事一場，主管還是選擇客氣的跟他好好懇談，這位晚班店員告訴主管，因爲家中有人生病又有經濟壓力，無法負擔賠償才會選擇隱瞞。

人都有側隱之心，因此主管也願意給他機會，短缺的商品就先用商品盤損的名義來處理，但下不爲例，到此，似乎是個美好的結局。但過一陣子後，公司還是決定請他離職了，爲什麼？

慣性的說謊及「搜證」

因爲隨著大家相處的時間愈來愈久，主管及所有同事發現他的家人生病根本是謊言，家中經濟也沒有他說的那麼惡劣。而且在很多小地方上，都可以發現他的「不誠實」，他的說謊似乎不是個案，而是一種習慣。最讓人害怕的，還不是他的說謊成性，而是他總是在「搜證」及「存證」。

這是什麼意思？原來，在跟主管討論賠償問題及去留時，他一定會偷偷打開手機的錄音程式，將彼此之間說過的話，錄音下來存證。在與同事交接款項及清點庫存時，他一定會拍照存證，還會時時提防同事，即使在共用的員工休息室中，他也從來不將財物及手機放在裡面，深怕被同事所竊。

大家發現，明明有慣性說謊習慣的是他，在很多時候卻比任何人都還謹慎，也比任何人都不信任他人，而這已經嚴重影響到與同事之間的信任及和諧，最終只好請他離開公司，另尋更合適的工作。

請他離開的主因，不是因爲他會說謊，而是因爲他根本就不信任公司及大家，而這個「搜證」的行爲，已經造成公司及同事的莫大壓力及情緒負擔。

失去誠信最大的損失，不是他人對你的信任，而是你對他人的信任

巴菲特曾說：「建立名譽要二十年的時間，破壞名譽只要五分鐘，如果能想到這點，做起事來就會不一樣。」**誠信是一個人最重要的資產，當一個人誠信破產時，代表從此失去了他人對你的信賴，你從此不太容易去取信他人，說出口的話從此都會被打上問號**。

然而這還不是最大的損失，當說謊成習慣，沒了罪惡感，甚至認爲謊言就是人際關係間的常態，也就代表在內心的深處，你也會去預設及提防他人可能會說謊騙你。

心若改變，態度就跟著改變，當這樣的想法在心中萌芽後，就難以待人以誠，做事磊落。當說謊被人看穿，就會失去他人對你的信任；當說謊成了習慣，就會失去你對他人的信任。信譽要花很長的時間去建立，但卻只要一瞬間就能摧毀。失去誠信的損失，不是他人對你的信任，而是你對他人的信任。

給騙子的懲罰，並不是他不被別人相信，而是他無法相信任何人了。

——蕭伯納（George Bernard Shaw）

選擇力

愛你所選，選你所愛

職涯方向的選擇，幾乎是每一個人都得面臨的課題，在大公司好還是小公司好？當老闆好還是當員工好？這些問題可能是不少人思考過的申論題。

大公司制度完善，可以學習標準化，小公司制度彈性，可以學習多樣化。當員工成敗可以不用一肩扛，但慣老闆及豬同事不會少，當老闆成敗得一肩扛，還得弄懂商業模型及如何用人，聽起來，這問題似乎各有優缺點沒有標準答案。

但除了薪資待遇外，別忘了考量一個重要的因素，就是這份工作帶來的情緒成本有多高，你在這份工作裡是心甘情願的，還是怨聲載道、痛苦萬分的？因爲情緒成本的多寡，是我們付出的工時及體力外，最大的一個隱藏成本。

曾有一位自己創業的朋友，跟我分享了他職涯選擇的軌跡。這位朋友在大學畢業後，毅然決定到一家大型的外商公司工作，認爲在有名氣、有規模、有制度的公司，不但可以學習到不少東西，名片拿出去好看，也更有成就感。

由於這位朋友有能力、有幹勁又有野心，幾乎把所有的時間及精神都投入在工作上，因此爬的很快，沒幾年的時間，已經是個團隊的小主管了。

升上了主管後，日子是否就愈來愈好過了呢？不，隨著薪資的上揚，工作責任及壓力也愈來愈大，且工作壓力增加的幅度，遠遠大過薪資的增幅。爲了求表現，也爲了再往上爬，這位朋友更加拚命加班，連週末及休假日都心繫著工作，還常常爲了一個案子熬夜不睡覺。

為工作賠上了身體

然而一個人的體力是有限的，就這樣日夜操勞下，身體終於反撲了。在某一天的加班日，他在辦公室忙到一半時，忽然感到一陣全身無力及暈眩，就這麼毫無預警的，昏倒在公司的辦公室裡。

同事們緊急將他送往醫院，醫生診斷的結果是：「因壓力及過勞引起的腦溢血。」幸好，在進行治療及休養後並無大礙，仍然可以回到工作崗位上，但醫生慎重叮嚀：「千萬別再過勞了。」在住院期間，公司不少好同事、好朋友紛紛來探望，並送上鮮花、水果及祝福。他心想，自己在公司的表現及名望還是不錯的，回到工作崗位後，應該還可以有一番作爲吧！

沒想到出院回到公司時，卻只收到老闆的通知：「考量到你的身體狀況，我們準備一個更適合你的位置。」他的主管職被拔除了，雖然老闆話說的很好聽，然而實際上所謂「更適合的位置」，就是一個沒有什麼挑戰性，也沒有什麼前景的「屎缺」。

原來自己拚了命工作，但對於公司而言，也不過就是一個可以被輕易取代的小齒輪，這個道理其實大家都懂，但當自己親身面臨時，仍然會感到震撼及心寒。

最後，這位朋友選擇離職，用這幾年掙下來的一些存款，決定自己創業，投入在自己最喜歡的戶外產業中。

「所以，創業讓你實現時間、財富自由了嗎？」我問。

「才沒有，創業其實壓力更大，創業之初錢更是難賺，眼睛一睜開，想到有那麼多的薪水要發，有那麼多的應付帳款要付，壓力大爆棚。」他說。

做出最快樂的選擇

幸好，就在幾年的努力後，這位朋友現在已經在業界小有名氣及成就，還請了不少員工，從事後諸葛來看，他選擇一條他最喜歡，可能也是最適合他的道路。關於工作的選擇，他認爲：「就算要死，我也不想死在別人的公司，而要死在自己喜歡的事業上。」這句話乍聽之下雖然矯情了點，但從曾經在鬼門關走一遭的他口中說出來，卻格外的眞實。

史上最傳奇的樂團披頭四的主唱約翰藍儂曾說：「有人曾問我將來想要什麼?我回答『快樂』，他們說我沒聽懂問題，我說他們不懂人生。」

每個人對於職涯的價值觀都是不同的，而追求快樂的路徑也一定不同，有人認爲就是要在大公司發揮所長，有人喜歡在小公司多元發展，更有人適合走向創業。要如何選擇原本就沒有標準答案，只要做出一個更貼近自己價值觀的選擇，就會讓你的路走起來更甘心，也會讓你離快樂更靠近。

愛你所選，選你所愛。——理查．布蘭森（Richard Branson）

Mood List

Part 3

情緒負債

圖4.　負面情緒螺旋（循環利息）

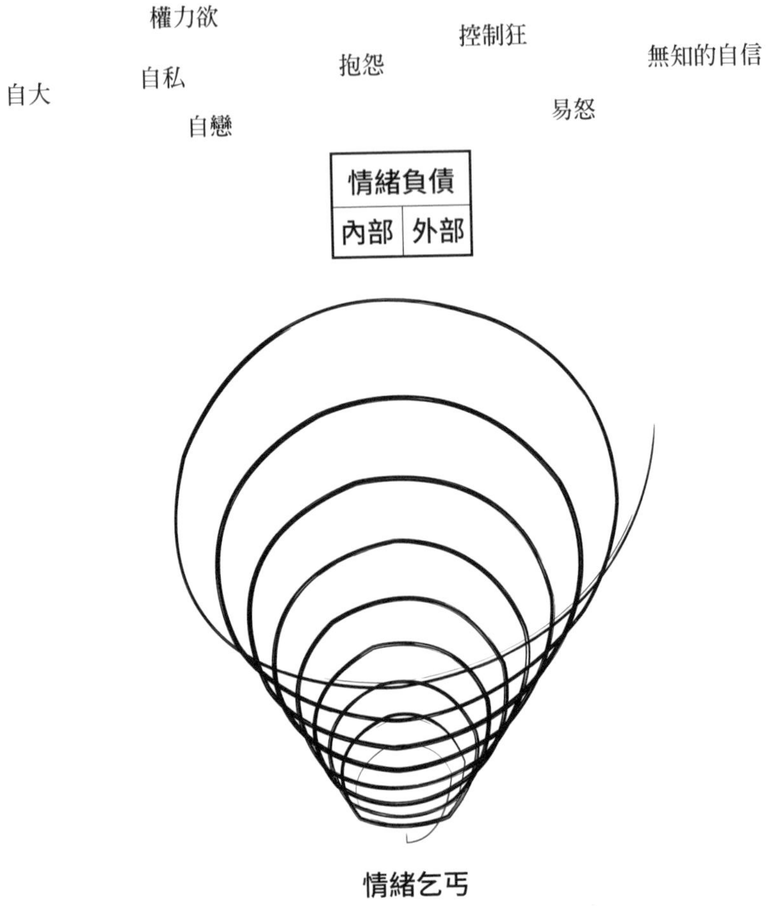

▌情緒負債若無法適當的消弭，就會形成負面情緒螺旋，產生循環利息，最終成為情緒的乞丐。

何謂「負債」？

在財務報表的思維中，所謂的負債，是指因為過去的交易或行為，使得未來可能必須犧牲的經濟利益，或衍生的義務等。

而這樣的概念，我們也可以運用在「情緒負債」中。情緒負債通常具有幾個特色，首先，負債是一種過去的行為積累而成，而且是一種已發生的事實，也就是他已經對於一個人情緒的「現在」與「未來」產生負面影響力。

情緒負債通常有兩種情況，一種是來自於自己錯誤的價值觀或行事習慣產生的「內部」負債，一種是來自於負面的人際關係或選擇產生的「外部」負債，然而無論是內部或外部，都應該能透過一些方法改善。

生命中，一定會遇到不少形形色色的朋友，並不是每一個人都能擁有正面的情緒。曾經有一位朋友，每每與人開口交談時，不是在抱怨及批評他人，就是大頭病的在說自己多行，其實每一個人都有自己的情緒想抒發，偶一為之其實還好，當一種負面的情緒抒發一而再、再而三，把這些負面情緒當成了一種習慣時，就成了一種長遠性的「情緒負債」。

他人有情緒負債與我們何干？當然有關係，我發現只要每一次和有負面氛圍的人相處或交談時，自己也會在不知不覺中感染到他的負面情緒，進而也影響到原本的好心情，最後甚至只要看見他的人或聽見他的聲音，心情都會跟著壞了起來。

情緒負債的人，不單單只是讓自己的情緒困在負面氛圍中，也同時拖垮了周圍的人，一起陷入在這種情緒中，犧牲掉他人的好情緒，成了情緒的乞丐。

情緒負債的樣貌有哪些？

一般人會形成情緒負債，是因為有負面的情緒習慣，或是身邊有這些負面情緒習慣的人，這些習慣可能包括了自大、自戀、自私、易怒、浮誇、愛抱怨、愛批評、控制狂、權力欲望過重或無知的自信等等。

動不動就愛發脾氣的易怒人，讓身邊的人都處在緊張的氣氛中；一見面就無止盡批評及抱怨的人，讓人們失去了進步的氛圍；總是活在自己的世界中，認為全世界都應該要配合自己的自大鬼及自私鬼，只會讓旁人痛苦萬分；以及一逮到機會，就一定得大肆吹捧自己的自戀鬼、只會成為讓人避而遠之的討厭鬼、因為無知，有著莫名自信的人、權力欲望過重，迷失了自我的人……等等，這些人其實都會造成他人和自己的情緒負債。

情緒負債的樣貌非常多元，然而一言以蔽之，就是他們的情緒不但會帶給自己長期的負面影響，同時會造就旁人長期的負面影響，且不容易在短期內改善。

情緒負債，是一種具長遠負面影響力的債

總有些人無法為自己的情緒負責，最後他們會希望透過各種方式將自己的負面情緒帶給他人，這就是一種負債。跟情緒負債的人相處，勢必會傷害自己的好情緒，通常要花上不少的時間及精神才能慢慢平復，可能也會同時犧牲自己的工

作及生活效率。

所以要學會辨別這些情緒負債，讓自己能夠遠離或控制，才不會在不知不覺中累積，心理上生病卻不自知。

那遇到有滿滿情緒負債的人，我們該怎麼辦？

或許一次、二次，我們能嘗試去包容及溝通，但如果不見改善，甚至出現第三、四、五次時，代表這些人並不曾去正視自己的負債。正所謂佛度有緣人，一定要學會劃下自己的情緒界線，不讓負面情緒蔓延開。

有情緒負債特質的人，不單單是一個「加害者」，耗損了他人的資產，通常也會是一個「受害者」。因為他們通常都不快樂，工作及處事一定沒效率，總是陷入在負面的氛圍中帶給自己及身邊的人壞情緒。

所以，我們不但要學會分辨、阻絕情緒負債，更別成為傷害他人情緒的帶原者。別跟會帶來情緒負債的人太深入的打交道，寧願少掉一個不好的朋友，也別賠掉自己的好情緒，耗損自己的時間。

若你是背負太多負債在身上的人，很容易走不遠也跳不高，若無法適當的消弭，就會形成負面的情緒螺旋，產生循環利息，長時間被困在負面的情緒中，最終會成為情緒的乞丐。

自大狂
你遇過寬以律己，嚴以待人的人嗎？

我並不是個特別喜歡到處應酬的人，因此在不少場合總是較被動的等待他人招呼，這樣的個性並沒有爲我帶來太多困擾，但有一次在某次的親友聚會中，忽然被一位長輩點名：「你們這些年輕人爲什麼沒有來跟我打招呼，是不是看不起我？」

這位長輩的身旁，有另一個長輩在幫腔。

「我們走過的橋，比你們年輕人走過的路還多，吃過的鹽，比你們吃過的米還多。有很多的學問，你們年輕人都不知道，眞該跟我們多多請教。」

姿態如此高，想來一定是某位達官貴人、賢達先進吧？我雖然不太擅長吹捧人，但卻還是第一次被貼上「看不起人」的標籤，儘管不是太在乎，但想想也沒必要樹敵，還是先說說場面話，跟這位長輩打打招呼、「交關交關」。

但慢慢的才發現，原來不是我們得罪了他，而是這位長輩對每個人都一樣頤指氣使，覺得人家應該要主動來問候他。況且他還不是什麼德高望重的人，只是有嚴重的「大頭症」。

「我教你的一定對，你照做就是。」

「我們人，做事情一定要用心，才會成功。」

「因爲我太優秀，那些人都在忌妒我，扯我後腿。」

「我最討厭別人浪費我的時間。」

「想當年，我在你這個年紀的時候，才不是像你們這樣子。」

「這些人水準不夠啦，沒辦法跟他們好好說話。」

席間，這位長輩不停的吹噓著自己的價值觀，還不單單忙著吹捧自己，爲了讓自己顯得更高貴，更不忘否定他人的價值觀。這種症頭的俗名其實很多，大頭症、自我感覺良好、自我中心等等，總結來說，這都是一種自我膨脹型的妄想症狀。

自我膨脹型的妄想

若留心觀察，有這種自我膨脹型妄想的人，通常具有幾個特質，認爲自己很重要、他人不重要，很需要刷存在感、寬以律己嚴以待人。

1. 認為自己很重要

他們對自己的重要性有一些不切實際的幻想，認爲「我」應該擁有他人沒有的特殊待遇，甚至認爲「我」擁有過人的知識及智慧。正因爲這樣，所以其他人都應該學會配合自己，並對「我」的心情及情緒負責。

2.認為他人不重要

他們通常不太在乎別人的利益及感受，認爲自己的時間比別人寶貴，約會讓別人等可以，但不能接受等待別人；開會時，別人的意見不重要，但不接受自己的發言權讓人剝奪。

3.很需要刷存在感

在他們幻想的世界裡，自己是主角，爲了能呼應這個幻想，他們非常需要刷存在感，喜歡強迫別人聽自己的故事及意見，並希望外界可以配合演出。如果他人能懂得吹捧，就會感到開心興奮，可怕的是，這卻會讓他更進一步去擴張他的妄想力。

4.寬以律己、嚴以待人

自己永遠是對的，千錯萬錯都是別人的錯，只有他可以質疑人，別人不可以質疑他。認爲自己背負著很重要的使命，寬以律己、嚴以待人是合情合理的，抱著「我」最完美的心態，不能忍受別人給他的挫折及批評。

冷處理，不當配合演出的幫兇

如果一個人常常覺得別人看不起自己，那一定是他太看得起自己了，才會造成如此顯著的認知差距。小心別讓自大膨脹到傷害旁人還不自知。

你身邊有這樣的人嗎？我們該試著去改變他們的價值觀嗎？不，千萬別小看一個人的妄想力，特別是自我膨脹型的妄想，他們的信念通常堅定不移、妄想無遠弗屆。

面對這種人最好的方式是敬而遠之，不得罪也不靠近，避免被波及，如果一直去滿足他們的妄想，只會讓他們永遠沒有醒過來的一天。有趣的是，一個自我膨脹型的妄想者，身邊通常都有一些願意配合演出的幫兇，讓這個症頭越加惡化，也讓情緒債愈付愈多。

那我們該給他們什麼建議呢？請他們去看醫生吧，畢竟台灣的健保醫療還是挺不錯的！

明事理的人讓自己適應世界；不明事理的人想讓世界適應自己。——蕭伯納

Mood List

自私鬼

看似占便宜，其實失去更多

有一次，我到一間大賣場購買了一箱奇異果回家準備慢慢吃，沒想到當拆箱拿起第一顆奇異果切下後，發現這顆奇異果壞了，雖然沒有爛到完全不能吃的程度，但整箱奇異果的品質，確實與我們購買時的預期有不小的落差。

由於大賣場有完善的退貨機制，所以其他奇異果我們完全不碰，準備當天就要拿回賣場辦退貨，心裡想：我們這樣應該還不算太「奧客」吧？

這個疑問，很快的就有了解答。

排在我們旁邊辦退貨的是準備要退桶裝魚肝油的兩位婦人，可怕的是，她們想退貨的魚肝油原本是一大桶，現在看到只剩下少少的幾塊、不到整桶的五%。這樣也好意思拿來退貨？這臉皮未免也太厚了？

兩位婦人卻義正嚴詞的說：「我們買回去後，家裡的人吃不太習慣，所以拿來退，我看電視報導說，你們不是都能無條件退貨嗎？」說完還抱著戲謔的態度看著櫃檯人員，似乎不覺得這有什麼不對，櫃檯人員只好面有難色地柔性勸導這樣的行爲。

由於我們退貨的商品沒有太大的爭議，很快的完成了退貨手續並離開，至於旁邊兩位婦人那罐剩不到五%的桶裝魚肝油，最後究竟有沒有換成就不得而知了，但那桶空空盪盪的桶裝魚肝油，確實讓我留下了深刻的印象。

無本生意，做不做？

有次，一位朋友跟我們炫耀，他發現的一門無本生意超聰明。

這位朋友家裡是在菜市場賣衣服的，賣的不是什麼高檔品牌，就是一件幾百元的平價衣服，同時也在網路上販賣。在某個檔期，連鎖大賣場推出了某國外知名品牌的童裝，價格下殺到低於五折，這是一個相當優惠的價格，無論是買來送人或是轉賣出去，都有不少的賺頭。

那麼這位朋友所說的無本生意，究竟是什麼？原來，這位自認爲聰明的朋友，很早就殺到賣場去，將賣場中的全部衣服掃貨回家，再將這些衣服放到自己的攤位及網路上進行販賣，因爲購買的時候很便宜，所以每件衣服再轉賣出去，都仍有不少的賺頭。

「不對啊，你買這麼多的衣服，不就有庫存壓力？還需要不少的進貨成本不是？」我們狐疑的提出了這個問題。

「哈哈哈，我這筆生意根本沒有風險，當這堆衣服都賣不出去時，我再整批搬回賣場辦退貨就好啦，反正他們有無條件退貨的機制，所以這根本就是一個無本生意，做生意要用頭腦啦。」這位朋友自信且得意洋洋的說。

哇，這眞是個聰明的生意人，能夠看見他人看不見的商機耶！但，是這樣嗎？不！我們這群人聽到他的這個方法，大家都皺起眉，因爲他所謂的無本生意、聰明的生意人，都只是將自己的便利建立在賣場的麻煩之上，不但可能傷害到賣場的營運，還可能造成賣場服務人員相當大的困擾。

乍聽之下是個生意經，但這和剛剛大賣場中那兩位婦人的行爲，並沒有太大的不同，都是自私自利、不顧及他人權益的行爲。當我了解這位朋友是這樣在做生意時，我也在心裡自我警惕，這絕對不是一個能夠深交及合作的朋友。

追求自身利益不是自私，忽視他人利益才是

神學家惠特利（William Hewlett）曾說：「追求自身的利益不是自私，忽視他人的利益才是自私。」

每一個人都有追求快樂的權利，但不能將快樂建築在他人的痛苦上；每一個

人都有追求自己利益的權利，但不能將自身利益建築在他人的損失上。

當一個人自私自利時，就是在剝奪及傷害他人的利益，而這些自私鬼最終都占盡便宜了嗎？不，有趣的是，自私鬼鮮少能成就什麼大事、眞正賺到大利潤的。

有句話說：「人不爲己、天誅地滅。」記住，這句話一點也沒錯，但在爲自己的利益盤算時，最好同時也要顧及他人的權益，因爲沒有一個聰明人願意去跟自私鬼打交道，久而久之，他們身邊便不再有益友，只剩下同樣自私的損友了。

算盤別打太精，在計算自己利益的同時，別忘了考量他人的利益。

Mood List

自戀狂

有，不用說；沒有，才要強調

俗話說：「老王賣瓜、自賣自誇。」用來形容一個人自顧自地說著自己的好，想要獲得他人的認同。有趣的是，在我們的身邊還眞的不乏賣瓜的老王。

一位擔任企業初階主管的朋友，最喜歡與他人分享自己的領導成功學，且相同或類似的內容，總是可以一而再、再而三的說上好幾遍。

「我的部下認爲我很有領導力、很喜歡在我手下做事。」

「我很開明，會給大家發表意見的機會。」

「在遇到問題的時候，我會教大家如何解決問題。」

「上次一個部屬跟顧客起了爭執，我一去事情就解決了。」

「一個名校畢業的後輩，老是自以爲是，其實他根本沒能力。」

「因爲我能力太強，所以有些同事才會忌妒我、攻擊我。」

「因爲主管特別喜歡我，所以某些同事會排擠我。」

看完這些發言，你認爲這是一個什麼樣的人呢？有領導力、很開明、有執行力、深受主管喜愛，卻因爲「不遭人忌是庸才」，所以受到部分同事的攻擊嗎？

如果我沒想錯，通常會說出這類台詞的人本身也不太高明，旁人鮮少會給予太高的評價，人緣也不會太好，爲什麼？

有，不用說；沒有，才要強調

有時候爲了要彰顯自己的長處，讓人們可以對自己有更好的評價，偶爾賣賣瓜、自我吹捧一下其實效果不錯，但如果太過，往往會適得其反，產生反效果。

我們實地去觀察有實力的人，多半很難從他們的口中聽見「我很厲害」這類的自賣自誇。

一個實力受到眾人認同的人，根本沒有太多機會能自賣自誇，因為所有的溢美之詞早就被身邊的朋友搶先了，毋須說出這些誇言。旁人對他的尊崇及依賴可證明一切，贅言強調太多餘。愈有本事的人，反而愈難從他們身上找到任何賣瓜老王的影子。

反之，本事還沒到位的人，才需要經常藉由自己的嘴巴告訴別人自己有多行，一來是怕人家不知道，二來也是一種自我滿足。

從心理學的觀點來看，無論是馬斯洛需求理論（Maslow's hierarchy of Needs）還是ERG理論（Existence Needs、Relatedness Needs、Growth Needs）都告訴我們，人們會在某項需求被滿足後，轉往其他的需求發展，反之，當某些需求無法被滿足時，會更想追求這些未被滿足的需求，容易在不知不覺中展露出對原需求的渴望。

當一個人老是不自覺的將各種「我很厲害」類型的台詞掛在嘴邊時，通常就代表這些正是他最想要、卻又尚未被滿足的特質。

當一個人常說自己有領導力時，一定是他的領導常受到質疑。

當一個人常說自己很有人緣時，他的人際關係通常不夠圓融。

當一個人常說自己很有智慧時，他的智慧往往高不到哪兒去。

當一個人特別喜歡找人說教時，代表沒人想要聽他的大道理。

人們總喜歡去強調一些自己想要，卻又尚未被滿足的特質，有趣的是這些現象通常本人都是盲目而不自知的。**想想我們是否會不自覺地老在口中掛念著某些成功特質，或許那正是我們最想要被認同，又尚未被滿足的部分。**

因為，有，不用說；沒有，才要強調。

吹捧自己帶來的情緒成本

過度自我吹捧，帶來的不單單是自己的迷失，更多的可能是他人的厭惡。因爲沒有人喜歡太自我的人，也沒有人喜歡看見別人比自己驕傲的樣子。

人性都是愛比較的，人們可以接受別人跟自己一樣好，但鮮少人能接受自己比他人差。一個老是在自我吹捧的人，先不論是否眞有實力，對於身邊的其他人而言，都不可能太討喜。自我吹捧的人，就算透過這些行爲能短暫得到一些滿足，但在更長的時間裡，他們內心是未曾獲得滿足的，也因此，陷入在自我吹捧的習慣中，也等於是長時間流失了自己的情緒成本。

一個驕傲的人，結果總是在驕傲裡毀滅自己。——莎士比亞

Mood List

抱怨狂
無力改變現狀也不要影響他人

某一個地方政府爲了提升就業率，提出失業就助的補助計畫，協助安排失業人口到地方上的企業做些簡單工作，而這些失業員工的薪資，將由政府輔助給企業，企業只要提供簡單的工作機會即可。

聽起來，這是一個三贏的政策，失業的人能夠獲得一個工作機會，企業能夠獲得一個低成本的人力，政府則有效的提升就業率。

透過這個計畫，五名專案人力被安排到某家傳產企業，這五個人原本都是失業的人，都在領失業救助，按理說能得到這個工作機會，理應要很珍惜才對。

有趣的是，當中卻有一個人，架子擺的老高，還有不少的規矩，對於企業安排的工作，他挑三撿四，抱怨又批評，這個不能做，那個不能做，甚至都還沒開始工作就對福利討價還價。

自己不停的抱怨及批評就算了，還不斷的拉攏另外四個人跟自己站在同一陣線，一起和企業作對。事實上，並不是公司有什麼地方得罪他，也不是因爲公司的福利眞的有那麼不好，而是他的認知出問題了。

我又不是領你們的錢，幹嘛看你們臉色！

他說：「我們又沒有領公司的錢，我們領的是政府計畫的錢。」是的，他認爲自己不是被企業聘用的，沒有領老闆的錢，本來就不需要看老闆臉色，反而老闆應該要懂得看他們的臉色，因爲他們是來幫忙的，是公司賺到了。

他認爲既然自己是透過政府計畫過來「幫忙」，公司就不應該擺出一副老闆或主管的姿態來叫他們做事，公司根本就是「賺到」這些人手，所以應該對他們恭恭敬敬。

面對這樣的神邏輯，企業主也很頭大，公司還眞不太需要這些人手，但是政府的就業計畫已啟動，就是有義務要安排這些人的工作，不然把他們晾在那裡沒事做也是尷尬。但，怎麼會這樣，當老闆的還要看原本已經是失業人士的臉色？甚至，沒什麼做事能力就算了，這位先生還對於公司的管理、環境及福利，大肆的批評及抱怨。

「你們的生產線太沒效率了，我以前做生意的時候才不會像你們這樣。」

「冷氣也太不冷了，這種環境怎麼好好工作？」

「這個政府也是小氣，請我們來這裡工作，輔助的金額也太少。」從公司到政府，都是他能夠批評抱怨的對象，唯獨從來不檢討自己。

「可憐之人必有可恨之處」，或許正因爲這位先生有如此的思維，才導致他無法找到一份稱職的工作，也或許是他自尊心太強，又太喜歡批評東抱怨西的，讓他到任何工作場合都待不住。

太累、太雜、太煩、太無聊的工作，他都沒辦法持續，沒辦法做就算了，還不停的搞職場政治，想夥同其他人一起來批評和抱怨公司；一事無成就算了，還拚命扯他人後腿，在別人背後補刀，這眞是標準的「生雞卵無，放雞屎有」的人啊。

能力比你差的人，才會在背後捅刀，能力比你強的人，根本懶得回頭看

有批評跟抱怨習慣的人，通常都是源自於能力不足，想透過貶低他人，一來隱藏自己的無能，二來僞裝自己的沒自信，藉由口頭上的批評抱怨，至少能感受到些許優越感。

無論是職場、家庭，還是朋友間的人際關係，都不乏這麼喜歡批評和抱怨的

人，這類習慣是最傷害人際關係的，一來帶給他人過多的情緒成本，二來增加自己的情緒成本，會同時傷害自我情緒及人際關係的健康。

偶爾批評及抱怨抒發情緒，其實無傷大雅，但如果養成了習慣，就是長期情緒上的負債了。愈是習慣性抱怨的人，在負面情緒上的消耗更多；愈是習慣性批評的人，在他人眼中，更是無所作爲，亦消耗他人情緒與你一同起舞。

Mood List

詩人馬雅安潔羅（Maya Angelou）曾說：「如果不喜歡一件事，就改變那件事，如果無法改變，就改變自己的態度，不要抱怨。」因為，抱怨無法改變任何事。

易怒人

聰明人用目標決定行動，笨蛋用怒氣決定行動

曾經聽到一位鄰里，很生氣的大罵他們社區的管理員，罵到整棟樓都聽得見他的咆哮，情緒幾近失控。

「連這種變通都不會，我養你們這些米蟲幹什麼？」

「我每個月繳那麼多管理費，你們連這點小事都做不到？」

「你們就是這種腦袋，才沒辦法得到別人尊重。」

發生了什麼事？什麼事情怎麼嚴重，這種惡毒的話都說出口了？

稍微了解一下後，原來只是一件微不足道的小事。因爲怕垃圾滋生衛生問

題，社區規定住戶必須要在垃圾車到來前的兩小時，統一將想清理的垃圾拿出來集中處理。這位住戶認爲自己的時間剛好無法配合這個時段，管理員只是委婉的告知這個新規定，他就沒辦法忍受了，直接脾氣一發，爆炸了。

本來像這樣一個小到不行的問題，只要經過大家的協調大多能有變通的方式，倘若好好的講，要解決並不難，但這位住戶偏偏習慣用怒氣、怒罵的方式來處理，也讓其他人不知如何應付。不過他已經不是第一次爆發，從倒垃圾的時間、社區公共設施的使用規則、管委會的會議規範，甚至是管理費的繳交方式，明明都可以好好溝通的事，只要一不順他心，他就會以暴怒的方式來完成想要的目的。

因此，周遭鄰里只要認識他的人都盡量敬而遠之，能不接觸就不接觸，對多數的人而言，沒有人喜歡去承擔他人的憤怒情緒，最後導致「相敬如冰」就是最好的距離。

情緒易怒，是情緒的一種負債

相信每個人的身邊都曾經出現這些易怒的人，也經常會有「這有什麼好生氣」的想法。

一些明明沒什麼大不了的事情，在他們身上總是莫名其妙的會成爲引爆點，進而引發衝突或怒罵，造成所有人的壓力及緊張。而這些人卻似乎永遠不知道自己的問題，一而再、再而三的輕易發怒。

事實上，情緒化又「愛生氣」的人，永遠是人際關係中，人們最不想與之共事的類型。因爲造成的情緒成本太高了，這些負面的情緒不但無助於工作的進行，還可能破壞了每一個人的工作心情及效率。

美國總統川普曾說：「我從來不生氣，除非生氣能讓我達到目的。」其實不少聰明人也很「會」生氣，然而對他們而言，生氣不是一種「情緒」，而是一種「策略」，他們將生氣的這個行爲，用來完成他們想要達成的目的。

曾有一位很優秀的主管朋友就很「會」生氣，他從來不因爲自己的情緒生氣，而是爲了達成工作上的任務而生氣，他經常用生氣的口語來警惕下屬不當的工作態度及表現，但從來不會因爲自己的心情不好而遷怒他人，對事不對人是「會生氣」的人的基本原則。

易怒是人類較卑劣的天性

情緒化的易怒，站在情緒成本的思維裡是一個相當糟糕的情緒負債，將帶來心理及人際關係的長期傷害，況且爲了小事生氣，只證明了一個人的情緒有多麼廉價。不少聰明人將衝突及生氣當成一種活化關係的手段，所以在這裡我認爲，不是不能生氣，但生氣要有目的，若生氣能改善某些現況自然最好，但若讓現況更糟則只是一種耗損罷了。

所以，不是不能生氣，但要爲了「任務」而生氣，不是爲了「情緒」而生氣；前者是文明人，後者是原始人，有效的怒氣管理，才能讓怒氣從成本負擔轉爲資產。

自古以來，聰明人用目標決定行動，用目標決定要不要發怒，而笨蛋用怒氣決定行動，反觀目標呢？早就被拋在腦後了。一個會被自己怒氣控制的人，從來就幹不了什麼大事，唯有能夠控制怒氣，甚至利用怒氣，來爲我們完成某些目標，才是一個善用情緒的聰明人。

脾氣暴躁是人類較為卑劣的天性之一，人要是發脾氣就等於在人類進步的階梯上倒退了一步。——達爾文

浮誇症

接受過譽的稱讚，小心回捅的力道

大多數的人都喜歡被讚美，不少研究更指出，讚美不但能讓他人更有自信，還能保有愉悅的心情，改善人際關係，從這個角度來看，讚美應該是能爲他人帶來正面情緒收益的行爲吧。因此，每一個人都應該學會讚美的學問，然而，讚美是否眞是種多多益善的好事呢？

曾有一位長輩，總是相當不吝嗇的誇獎別人到有些誇大的程度。「太傑出了！太優秀了！太不簡單了！」他給別人的讚美永遠不嫌多，提供的溢美之詞也從不小氣，自然我也得到過不少。

一次聚會中，有另一位朋友聊到想買房，於是這位前輩立刻掛保證，推薦了他讚不絕口的一位年輕房仲。

「這年輕人太優秀了，很是專業又懂禮貌！」

「這年輕人太上進了，將來定是成功的人！」

「這年輕人太上道了，我掛保證找他沒錯！」

這是位在大品牌服務的年輕房仲，剛好接了這位長輩委賣的委託約，親切有禮，還得過幾次當月份的店內業績獎，看起來應該是個工作頗積極的新鮮人。從旁人的角度來看，推薦他應該還不錯，但若從這些吹捧之詞來看，似乎還是有點太誇張，言過其實了些，不是說他不好，但聽起來總是有些不踏實。

當時大家也沒想那麼多，交換名片後，就漸漸忘了這回事。有趣的是，過一陣子又聽到這位長輩對這位年輕房仲的評價，竟全面翻了個供，把他大大的數落一番，究竟發生什麼事了？

這年輕人太可惡了！

「這年輕人太可惡了，他將來一定沒辦法做大事。」

「不夠專業又不懂事，很少見到這麼外行的房仲。」

「我建議大家，有房子想要買賣，別找這家公司。」

爲什麼沒多久前，長輩把這位年輕房仲捧到了天邊，現在又把他罵到如此不堪？原來，這位年輕房仲前陣子很盡責的找到了幾位看房的買家，但因爲買方及賣方期望的價格上仍有些差距，因此房仲就與身爲賣方的長輩探詢，希望成交價能低一些。房仲的建議是：「現在是買方市場，建議讓出一些利來，才有機會成交。」

這是一個相當合理的建議，因爲房屋的買賣價格，本來就是雙方協議後的結果，在市場供需的機制下，房仲的職責就是爲雙方找到的一個均衡價格。

長輩卻因此相當不滿，他認爲房仲既然收了賣方百分之四的服務費，買方卻只要付百分之一，光從服務費的高低來看，當然要站在賣方的立場說話啊!?這位年輕房仲竟如此不識相，搞不清楚狀況。

長輩對著眾人抱怨：「虧我看得起他，還幫他推薦，這年輕人眞是太讓我失望了。」還不肯罷休，找到人就大罵特罵一番，好像人家有多對不起他一樣。

客觀來看，這位年輕房仲其實只是盡本份，努力搓合買賣雙方的共識罷了，只是因爲在價格的協商中不合其意，在這位長輩的評語中，就從大有爲的年輕人，成了一個不專業的可惡房仲了。

其實這位長輩對每個人都喜歡用誇大的方式來說話，一來大刷存在感，二來讚美不用錢，又似乎可以滿足自以爲的大器，就大肆稱讚了。相對的，如果結果不合他意，他挑剔人也是沒在手軟的。

浮誇的讚美，通常不是好事

卡內基曾說：「不要害怕攻擊你的敵人，該害怕的是奉承你的朋友。」因爲喜歡過度奉承的人，通常容易覺得自己一直在付出，既然付出了，當然要有一些收穫。

過度膨脹的讚美習慣，通常不是好事，當一個人習慣性地去「放大」讚美人時，也代表著他習慣去「放大」檢視別人，自然而然就會「放大」批判別人。有些人，甚至認為自己的讚美是一種恩情，別人接受了這些讚美就是欠自己人情，就有義務要回報。

其實不只是讚美，從給他人建議、安慰、送禮，這些看似正面的每一個動作，只要不能恰如其分，就反而會壞事。送禮過重讓人備感壓力，讚美過頭顯得浮誇放屁，最後都可能成爲人際關係中的負面因子，帶來情緒上的債務。

如果一個人總是浮誇的對別人「讚譽有加」，小心，他回捅的批判力道通常也不會太小力，皮該繃緊一點了。

善於奉承的人一定也精於誹謗。——拿破崙

Mood List

控制狂

不試圖控制他人，不是所有人都必須理解你

當一個人總想試圖支配週遭一切的人事物，但又控制不了時，會感到莫大的痛苦，這個人可能即具有「控制狂」傾向。

家庭，是一個自在放鬆的地方，照理說每個人在家裡都應該是最自在的時刻。

職場，是一個創造績效的地方，按理說每個人在職場都應該是最認眞的時刻。

但如果有一個人像直升機般，整天高懸在半空盯哨，希望每個人都可以照他的期望做事時，那麼在家的自在感、在職場上的績效創造力，都將可能完全被抹殺掉，成了讓人痛苦的地方。

曾經見過一位具有「控制狂」個性的長輩，當不順其意時，他會拍桌子叫罵，更曾說出不少的精采台詞：

「人渣！朽木不可雕也。」

「你自己好自爲之！你會沒出息。」

「爲什麼你老是要跟我唱反調？」

「就是不聽我的話，所以你才會失敗！」

在現實生活中，竟然有人能夠開口說出這些誇張的台詞，除了在心裡拍案叫絕外，常也不禁提他捏把冷汗，深怕衝突愈發擴大。

偶然一次機會中遇到這位長輩，聊了聊很自然地問到：「何必常常動怒呢？」

他說：「人都是有七情六慾的，難免會生氣發怒，時常需要發洩一下。」

乍聽之下好像邏輯上也通？我再問他：「每個人都有自己的做事方式，何必罵呢？」

他說：「所以我才要罵到他怕，學乖後，他們就不會再做錯事。」

嗯，好像也有點道理？我再提：「但太嚴厲，或許只會讓他們選擇避開你。」

他說：「所以才要盯緊啊！」

唉，好像有點學問？我再說：「其實有時給點空間，比被動要求的效果更好。」

他說：「你太年輕了，不懂啦！」

到此，我投降了，我發現，擁有控制性格的人，他們認爲天降大任於己身，自己應該是具有絕對影響力的，如果不挺身而出控制大局，大家就不能好好做事。這種堅不可摧的價値觀通常根深蒂固地深印在他們腦子中。

寬以律己、嚴以待人

絕大部分擁有控制狂特質的人，爲了能讓自己的行爲合理化，會對自己的不合理很寬鬆，對他人的行爲卻嚴格要求，具有此類個性的人有以下特點：

為了確保自己價值觀，常否定別人的價值觀。

自己有情緒是正常的，別人應學著接受忍耐。

按照自己的規矩節奏，痛恨他人的曖昧不明。

若有功乃是自己之功，若有過定是他人之過。

他們總認爲自己是爲了大家好，所以必須不斷提出建設性的批評，但既然自己有此大任，難免一定會有情緒，每個人都應學會迎合自己。

一個人如果願意順著他時，控制狂可以將一個人吹捧上天，哪天變了樣，什麼粗魯惡毒的言語都說得出口。

對他而言，寬以律己、嚴以待人只是剛好罷了。

家庭，本應是一個放鬆自在之處，不是一個拚勝負的地方。

職場，本應是一個創造績效之處，不是一個論是非的地方。

然而若有一個控制狂存在時，家庭及職場，就成了拚勝負、論是非的戰場。**有此症頭者卻往往病入膏肓而不自知。這個世界，真的不用我們懸在半空盯哨如此辛苦，請慢慢的將直升機開回地面，找一片土地，過過舒適的生活吧。**

控制狂的情緒負債，讓自己辛苦他人痛苦

以情緒成本的思維來講，擁有控制狂個性的人，將同時讓自己及他人負債，最重要的是，在他們的控制下，鮮少事情是眞正有效率、做得好的。因爲每個人不是爲了配合他的控制，就是爲了逃避他的控制，最後每件事的處理都會落在相對不合理的位置上，反而更沒有效率。大家做起事來也多帶著更負面的情緒，最後整體都走向負面的氛圍中。

不要想控制他人，也別認爲他人應該去理解配合你。有控制狂特質的人或許是眞心覺得，自己是在幫助別人面對問題，爲了讓事情能在理想的軌道上，逼不得已才會去控制大局。

別傻了！你的自以爲是，其實才是問題之所在。

別鬧了！你的控制行爲，其實才是麻煩之根源。

別被他人控制，成為自己情緒的主人，別控制他人，成為別人情緒的討債者。

無知的自信

膨脹的自信只是自我欺騙罷了

一對新婚的夫妻朋友，好不容易籌了頭期款，買了間兩房的社區大樓做爲小倆口的新居。即將展開的新生活讓人興奮又期待，兩人選了個好日子，在某天下午五點多，請搬家公司從舊家將所有的家具都運上車，準備搬進新居入住。

當幾台裝滿家具的搬家車來到新居大門前，小夫妻滿心期待迎接新居新生活時，社區的管理員卻出來找他們麻煩。

「不好意思喔，主委規定，超過下午五點，大型家具不可進出，怕影響到其他住戶的安寧。」管理員說。

「什麼！那我們這些家具怎麼辦？我們已經請搬家公司了耶，通融一下吧。」其中先生好聲好氣的溝通。

「只好請你們搬回去囉，明天請早。」管理員說。

搬家公司的錢已花，兩人今天就準備入住，是要怎麼搬回去？這不但是錢的問題，連他們今天要如何落腳都成問題了，而且這規定也太不通人情了，哪有這種道理？於是兩人就跟管理員爭論了起來。

「我也沒有權限決定，不然，你們去請示主委好了。」說著說著，管理員撥起電話，看來是打給了他口中的主委。

過一陣子後，一個看起來「很像主委」的人，大搖大擺地以很高的姿態走過來，最詭異的是，他手上還拿了一個「行車記錄器」，看來是開機的狀態，就直接對著他們錄了起來。

雖然覺得這個主委未免也太沒禮貌了，但當下形勢比人弱，又扛了一堆無處可去的家當，一口怒氣也只好先忍下來，好好的求主委能通融一下。

「主委，不好意思，我們是新來的住戶，不知道社區的搬家規定，還請幫忙一下，今天先讓我們的家具可以入厝，以後我們會注意。」

雖然已經很低聲下氣了，但還是經過一番折騰後，主委才很神氣的說：「好，這次我就給你們一個方便，以後要注意點啊！我是主委，有義務要維持社區的規矩，你們不能造成社區的困擾啊。」

行車記錄器主委

初來乍到，就被主委及管理員狠狠刮了一頓，這對年輕夫妻簡直氣炸了，但房子已經買下去，確定這就是未來的住所，這口氣也只好先吞下來。

可怕的是，這似乎只是個起頭，不久後主委又拿著「行車記錄器」來按家裡的門鈴說：「門口不能擺鞋櫃，收進去！」

如果這是所有住戶的默契也就算了，問題是，從一樓看到十樓，將鞋櫃擺在門口的住戶至少一半，爲什麼只有我們不能擺？明擺著是主委對新住戶的下馬威。

除此之外，從公設的運用、門口的擺設到見面的招呼，舉凡能挑剔找碴的地方，這個主委從來都不放過，完全是差別待遇，自己管委會的朋友就可享有特權，這根本就是濫權！

「好，我要自己出來選主委！」備受委屈下，實在嚥不下這口氣，於是先生決定自己跳出來選下屆的主委。

問題是，剛來到這社區，要人脈沒人脈、要經驗沒經驗，拿什麼跟這個老主委選，沒有選舉策略，沒有拜票活動，爭的或許只是那口氣！而這個老主委，也眞沒把他放在眼裡，老神在在的準備連任，繼續控管這個管委會。

於是就在這樣的氛圍下，到了下一屆的管理委員會遴選，那麼，這位老主委連任了嗎？詭譎的是，票數一開，先生竟然贏得了下屆社區主委的選舉！

無知的自信

原來，這個老主委一向假公濟私，因爲不太會用智慧型手機，平時老愛拿著行車記錄器到處搜證找碴，一有爭議不是寫存證信函，就是嗆要提告，被住戶私底下戲稱爲「會告人的行車記錄器」。

其實大家早就對這位老主委厭惡至極，但多數人都習慣自掃門前雪，誰也不想去牽扯管委會這幫自以爲是的混蛋，連帶的投票都不太願意參與了。如今來了個新住戶，願意自告奮勇的淌這混水，豈有不投出神聖一票的道理？

也正因爲沒人跳出來，反而造成這個老主委沒有自知之明，有了不少的妄想空間，以爲自己德高望重、位高權重、備受敬重，殊不知眾人積怨已深，只是不想跟他牽扯上關係罷了。

無知所產生的自信，不但會爲他人造成負擔，有朝一日，也有可能讓自己像個笨蛋。小心，過盛的自信，往往源自於無知的自我膨脹。

無知比有知，更容易造就自信。——達爾文

Mood List

權力欲

權力使人昏，換了位置換腦袋

權力指的是一種能夠影響、甚或是控制他人的能力，對於一個人來說，理應是一種情緒資產，因爲這代表他擁有一定的決策力量，得以去實現一些自己的想法。然而在現實世界中，卻多的是擁有權力後，反而衍生出不少情緒成本的案例，最終權力反而變成一種情緒負債。

前陣子有一位里長伯，跟我分享關於他里內某社區管委會發生的事：

社區內有位先生過去待人一向客氣和善又熱心服務，更相當熱衷於參與社區事務，所以在社區裡人緣一向不錯，也有著不錯的風評。他除了參與管委會的運作外，也積極試著去爭取自己成為下一任的主任委員。

社區的管理委員職務並非有給職，本來就是一種服務性質的位置，適合給熱心服務的住戶擔當，這位熱衷於社區的先生也就眾望所歸的當上社區主委。

上任後，社區變得更好了嗎？他更熱衷於服務社區了嗎？

不，他上任後好似變了個人。以前他總是巡視「社區工作」，看看社區內還有沒有什麼工作可幫忙，現在他卻總是巡視「社區住戶」，看看社區內有沒有人不守他訂的規矩。過去客氣的樣子變成端得老高的架子，享受著社區主委的光環。還不只如此。原先配合的保全公司被他換掉了，改成他熟識的；原先停車的使用規範，被他修掉了，改成他方便的；原先中庭的花圃植栽，被他撤掉了，改成他喜歡的。

他幾乎極盡所能的濫用他的「權力」，甚至跑去跟里長嗆聲，要求里長撥一筆經費來改善他們社區的公共環境，否則下一屆里長選舉就要全社區發起抵制，不讓他連任。

「這位先生，簡直把管理委員當成立法委員在做了！」里長伯半開玩笑的說。

然而囂張沒有落魄的久，聽說這位先生主委的位置屁股還沒坐熱，沒多久就被其他委員給聯手罷免下台了，即使離開這個位置，過去的不當所爲，也讓他成爲社區內的過街老鼠。

好員工≠好主管

換個場景，在辦公室的升遷中，似乎也不難看見相類似的光景。曾經看過一個案例，某家公司的門市需要一個小主管，老闆認爲與其空降一個管理者，不如提拔原先銷售業績最好的門市店員，一來他最清楚現場，二來也是一種對他的肯定及激勵。

最後，這位被升遷的員工表現如何？出乎意料的是，過去這位表現一向優秀的員工在被拉上來擔任小主管後，不但管不好事，還忽然因爲有過去所沒有的權力不知不覺地端起架子，原先待客的親切感不見了，開始挑公司及同事的毛病，跟每個人都對幹起來。

於是這位小主管在樹敵無數後，被迫主動離職，原本企圖打算在外面自己開店跟老東家競爭，最終似乎成不了什麼氣候，就消失在大家眼前了。

像這樣的故事可能發生在每個組織及每個角落裡，當然不是每個人都會因爲擁有權力而失控，但權力的賦予，卻著實考驗著每一個人的本性。

小心權力的賦予

前美國總統林肯曾說：「想了解一個人的個性，那就賦予他權力。」人換了一個位置後，就容易換一個腦袋，把人放到不同的位置去，就可以看出一個人不同的潛在個性及能力。

不少研究指出，不少權利的擁有者，容易造成風險意識低落與現實脫節，不容易以他人的觀點看事情，還可以出現過度的自大與自信，**做出魯莽的決策，反而愈來愈無能**。

因此，對於在原先位置表現優秀的組織夥伴，如果不想冒著失去他的風險，就不要冒然的將權力塞給他，將他留在原先拿手的位置上，只在待遇及福利上給予提升，直到確定他準備好了，再來考慮權力的賦予更好。

通常一位員工能出色的完成工作，是因爲他擁有該工作相對應的「專業技能」，然而想要出色的完成主管工作，除了要有「人際關係」的協調力外，還需要一些掌握全局的「概念性能力」。否則就會像這兩個故事的主角一樣，從好鄰居、好員工，變成了爛主委、爛主管，造成旁人龐大的情緒成本損失。

權力並不一定使人腐敗，但卻著實考驗著人的本性。

Part 4

情緒策略

圖5.　情緒策略的界線

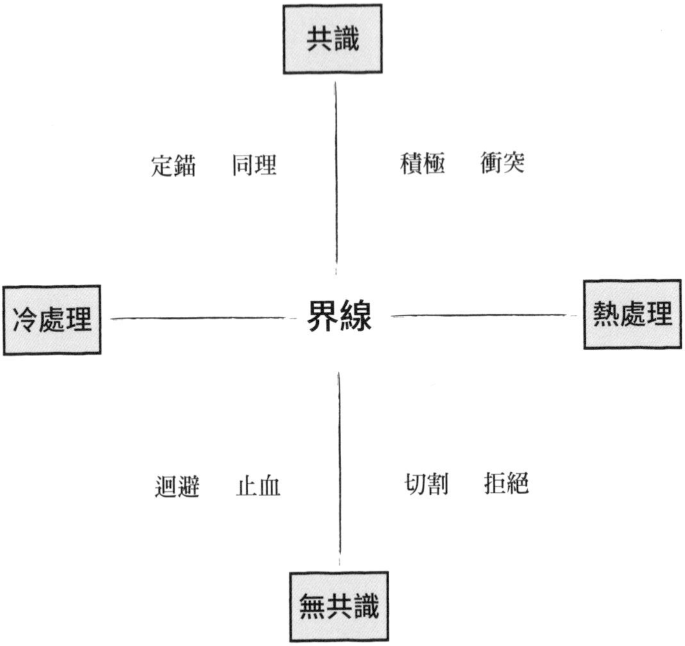

▌情緒策略應有其多元性，有些事情適合積極處理，有些事情適合冷處理，且毋須追求每一件事情都要達成所有人的共識，要有自己的界線。

何謂「策略」？

策略一詞，最早源自於希臘文Strategia，是「將才（Generalship）之意」，是一種為了完成目標所進行的一連串行動，包括了途徑的選擇、資源的協調及分配，目的就在完成目標，贏得最後戰爭。

而「情緒策略」，指的就是為了降低沒有必要的情緒成本，在欲有效達成目的之前提下，我們應該採取的行動方針。

情緒策略的基礎，應該是要能夠因時、因地、因人制宜，要能在不同的情境下，作出相對應的選擇，而這樣的策略思維，皆能被運用到各個領域，如職場、情場到球場。

名教頭的情緒策略：衝突是為了達成目的

在某一年的NBA季後賽，衛冕隊伍馬刺隊，在某一場比賽中一路跟對手激戰到了最後一秒鐘，馬刺隊以一〇九：一一一落後兩分於對手，因為握有發球權尚有逆轉機會，就在馬刺總教練波波維奇（Gregg Popovich）布署完最後一次進攻準備發球時，場邊技術台發生了一個失誤——在計時設備尚不該走動前就讓時間繼續，結果球還沒發出去時間就歸零了。

這種能歸咎於場邊技術台的失誤，無庸置疑地要還給馬刺隊發球權以及這一秒鐘。然而此時總教練波波維奇卻大發雷霆的衝了出來，以幾近失控及衝突的方式表達自己的不滿，讓當時已經劍拔弩張的氣氛更加緊張，也讓裁判更謹慎的處理這最後一秒鐘。

有趣的是，就在比賽底定的那一瞬間，波波維奇教練卻立刻收起了前一刻失控的情緒，冷靜大方的與對手球員擁抱致意，彷彿剛剛不曾發生過任何爭議。

波波維奇教練的情緒變化蘊含了什麼樣的學問呢？很簡單，當爭議已無關勝負之時，衝突及情緒就不再需要了，大方的給對手一個擁抱吧！

而這，就是一種「情緒策略」。

波波維奇教練被譽為NBA史上最偉大的教練之一，曾率領球隊囊括五次總冠軍，執教功力早已無庸置疑，有趣的是他從來不乏與裁判衝突，進而被驅逐出場的經歷，然而若細數這些衝突，大都可概分為以下三種情境：

球員狀態不好，藉由衝突的情緒重新凝聚球員的注意力。

裁判尺度不利，藉由衝突的情緒影響接下來的吹判尺度。

比賽走向不對，藉由衝突的情緒改變比賽的風向及節奏。

換言之，衝突都是有其目的性的，在比賽尚剩下一秒鐘的時候，此時的衝突及抗議都還可能去影響下一秒裁判的吹判尺度。**然而當比賽歸零的那一刻，所有衝突及抗議就不再有意義了，如果衝突不能改變結果，既達到贏球的目的，又何必浪費力氣去衝突呢？**

不要成為一個只有一種情緒策略的人

「會衝突」與「愛衝突」是完全不同的兩碼子事，前者是懂得如何去運用衝突來達成自己的目的，後者則只是單純的容易被衝突情緒所牽引罷了。而懂情緒策略的人，最懂得不要隨便去浪費自己的情緒成本，如果花了那麼多成本，卻無助於達成我們的目的，就形同情緒的浪費，是一種不聰明的情緒策略。

為了有效衡量及掌握我們的情緒成本，就得擁有情緒策略的思維；為了降低無意義的情緒成本，完成我們的目的，我們能夠去採取哪些對策？該不該衝突力爭？該不該暫避其鋒？該熱處理還是冷處理？該達成雙方共識，還是各持己見？

什麼樣的人，最容易陷入在情緒成本的浪費中？就是無論面對什麼問題，總是只有一種策略的人。

林肯說：「與其跟一隻狗爭路，不如讓牠先行一步；如果被牠咬了一口，你即使把牠打死，也不能治好你的傷口。」有些人遇到問題時，只會選擇逃避。有些人遇到問題時，只會急著切割。有些人遇到問題時，只會急著拒絕。有些人遇到問題時，只會急著止血。有些人遇到問題時，只會力爭衝突。有些人遇到問題時，只會破口大罵。有些人總是習慣硬碰硬，有些人總是習慣妥協，有些人只想當好人，總是在討好他人，有些人不論是非就是要好勝爭那一口氣。

邱吉爾說：「如果你對每隻向你吠的狗，都停下來扔石頭，你永遠到不了目的地。」因為，「莽者被情緒所控制，智者會去控制情緒」，進而去達成目的。

切割

印象管理，得切割一些不對的人

網路經濟時代，幾乎每個人都不免俗的會使用一些社群媒體。我自己使用臉書的習慣是，不會隨意加陌生好友，所以也不會隨便刪除。不過某一次的新年，我卻自己主動刪除了一位臉書好友，還是打過照面、曾經寒暄過的親戚。

原因是那年過年，遇到了幾位平常幾乎不見面的親戚，其中一位鮮少見面的遠房親戚，是一個二十多歲的年輕人，在大家閒聚交心後，就開始主動邀約加起臉書好友，希望我們這群平常不太見面的親友們，有機會可以互動一下。

多交些朋友總是好的，於是大夥在過年熱鬧的氣氛下，彼此紛紛互加臉書好友，雖然都只是泛泛之交，但網路及臉書的世界不就是這樣？真正常見面聯絡的朋友，不就只是少數幾個罷了。

在別人的臉書開把？

然而這位二十多歲的年輕人，在加完了大家的臉書好友後，使用的方式卻完全超乎我的想像。我們原本沒有任何一位共同好友，他卻找到我過去的動態，並從下方的留言中找了幾位留過言的朋友，自個兒去跟對方拜年、聊天、希望和對方做朋友，往往還未收到回覆，他就先送出好友邀請了。

這其實有點詭異，更詭異的是，他選擇搭訕的全是女性，還都是大頭照美美的女性，擺明就是想亂槍打鳥認識女生。

這樣的動作，著實讓我感覺不太好，但要疾言制止嗎？大家以和為貴，太嚴肅好像自己很容易因為一點小事就反應過度一樣。但我這個困擾不用多久，就得到了回饋——一位年輕的臉書女性朋友，將她收到的私訊內容截圖給我了。

「安安妳好，我是紀坪的表親，我覺得妳感覺人不錯，可以加妳好友聊聊天嗎？」

呃……他竟然直接把我的好友資料當成他把妹的資料庫，開把起來，這樣的行爲，不但造成我的困擾，也造成我臉書好友的困擾，根本是大踩線、不尊重他人的行爲了。

於是，我當下也沒多想，就直接把這個遠房親戚從好友名單移除，我不能爲了他一個人方便，去影響到另外幾十個人吧！眞的太沒禮貌了。至於未來我再和這位表親見面時會不會尷尬，已經不是當下覺得重要的問題了，先砍再說！

每一個人都需要印象管理

後來經由親友轉述，原來他不只是針對我，而是他使用臉書的習慣不佳。這位剛進入職場、到處打工的年輕人，完全沒有個人品牌觀念，臉書對他而言，就只是拿來娛樂、看妹、虧妹，進而看看有沒有機會認識「新妹」的工具。

每個人對自己在數位社群上的定位完全不同，有人視爲個人品牌的象徵，有人當成記錄出國及生活的相簿本，有人當成宣洩情緒的垃圾桶，有人只當成動態新聞來看，當然，也有人像這位年輕人一樣，只是當成娛樂跟認識女性的媒介。但無論如何，都不能忽略自己在數位社群上的印象管理。

印象管理可以概分爲兩種，第一種是由內而外的相由心生；你是個工程師，就會有工程師的氣質；你是個廚師，就會有廚師的感覺。第二種則是由外而內，透過打扮、裝飾、造型等刻意營造出的外在形象。

無論是由內而外還是由外而內，其實都一樣重要，在多充實自己內在的同時，有時候也不能忘了經營一下表面工夫。一個良好的印象管理，可以讓我們少掉不必要的情緒成本。

話說回來，遇到像這樣的情況，不刪除這位朋友可以嗎？也可以，但是這樣一來，可能會大大影響到我們在其他朋友心中的外在形象。「原來他是一個可以默許濫用臉書好友資料把妹的人。」就算你本人再nice，有了這樣的印象及定位後，他人看你可能就不再nice了。

在網路時代，一個人如何使用社群網路，其實就形塑出這個人的形象及定位。就算只有一面之緣、或是素未謀面的朋友，也都將會以這些數位歷程來評價你！

注意自己的數位形象，因為這可能就決定了你本人的最終印象。

Mood List

止血

有所妥協才能避免問題擴大

這是一個網路普及又方便的時代，許多各式各樣的網路社團傾巢而出。有專門研究婚禮如何辦最省、最夢幻的「新娘團」，有專門討論韓劇的「歐巴團」，有專門尋找便宜代購的「團購團」，亦有專門討論育兒經的「媽媽團」。

其中有一個「親子團」辦了場聚會，並訂下一間親子餐廳，現場來了將近十組家庭，大大小小的孩子們聚在一起好不熱鬧。

由於是親子餐廳，餐廳內也提供了一些孩子能玩的場地及簡單玩具，想當然爾，餐點價格不會太平價，正所謂醉翁之意不在酒，選擇親子餐廳最主要的考量，本來就是讓孩子們有個較友善的空間。

問題來了，當天有大約五個人點了雞肉串套餐，但當餐點到來時，第一個拿起雞肉串放入口中的媽媽，一吃就發現不太對勁。「這雞肉串怎麼酸酸臭臭的？是不是壞掉了？」

坐在旁邊的另一位媽媽雖然沒吃，但光聞味道，也忍不住開口說：「怎麼好像有大便味？這雞肉串臭掉了吧？」

於是所有點雞肉串的人，只要有略嚐一口的，都覺得這雞肉串的味道不太對，肉應該是壞掉了沒錯，就一起跟餐廳的老闆反映這個問題。

「不好意思，這雞肉串好像壞掉了，你們要不要請廚師試吃看看，謝謝。」

詭異的是，只見老闆臉色立刻變的很沉重，並立刻衝向廚房跟廚師討論。

堅持不認錯的店家

過了約兩分鐘，老闆回來後的說法是：「喔，因爲我們的雞肉串有用檸檬醃製，所以會有酸味，如果你們吃不習慣的話，我可以幫你們換。」

明明大家吃起來一致認爲是壞掉了，這位老闆卻堅持沒壞，還推說是檸檬醃製的味道，一位媽媽已經忍不住糾正老闆說：「不是酸，是臭掉了，你沒有聞到像大便的味道嗎？」

「是檸檬酸，沒關係，如果你們有疑慮的話，我可以幫你們換。」但老闆願意無條件更換並立刻收走餐點，代表也認同這道料理是該被更換的，卻在嘴巴上堅持不承認食物壞掉了。

得饒人處且饒人，且今天這個聚會，又是網路上各方人馬的聚會，大家也都想以和而貴，沒有人想在這些不太熟的朋友面前，表現出過度強勢「奧客」的一面，於是也就不再追究下去，睜一隻眼閉一隻眼地接受了店家的更換。

用完餐後，大家還是開開心心的聊天互動，帶著孩子在遊戲區玩，暫時把這件事擱下了，畢竟大家出來就是開心的認識新朋友，餐點的品質問題，大家當下就不再討論了。

難道店家當天就這麼好運的度過這個「雞肉串臭掉危機」了嗎？

不，雖然大家礙於面子當下不追究，但聚會結束後，還是忍不住在網路上討論起那臭掉的雞肉串，各自回家後，私底下的抱怨及批評更是少不了。

「這家店眞的太誇張了，雞肉串整個臭酸掉了還敢拿出來賣。」

「那個老闆很誇張，一直堅持東西沒問題。沒問題爲什麼要全部換掉，明明就心虛。」

甚至有部分媽媽，還在自己的臉書分享這段不愉快的用餐經驗。雖然店家老闆當下不承認錯誤，似乎暫時度過了這個危機，但堅持不認錯的態度，卻可能造成往後更大的商譽損失，得不償失。

止血策略

爲什麼老闆及店家堅持不承認食物不新鮮？

或許是曾經發生過太多的奧客及消費者糾紛，導致有些店家在面對問題時，認爲必須與消費者站在對立面，遇到狀況習慣先武裝，然而錯誤的情緒策略，卻可能造成更大的傷害。

在情緒策略中，並不是每一件事都要爭到贏，有時候適當的妥協及止血，讓事情能往一個更圓融的方向解決，反而是最好的一個結果，特別是當自己有所理虧時，對自己的理虧適時妥協，反而更好。

心理學家佛洛伊德曾提出防衛機制的思維，認爲人們有時候面對問題時，容易無意識的建立起防衛心，透過推責、掩飾、偽裝，來否認可能造成我們焦慮的問題，希望降低自身的傷害。事實上，有時候過度的防衛，反而容易把事情搞砸，讓小問題變成大問題。

重視情緒成本的聰明人，不該每每遇到問題時，就先築起防衛牆，反而應該適時的對理虧有所妥協及止血，才能避免問題的擴散。

同理
向目標對象靠攏，降低彼此的焦慮

一位科技公司的人資主管，某天和我們分享一個面試案例：

有一次公司徵人，開出的職缺是專業及創意的部門，這個部門需要創意的激盪，所以成員平常上班時，並不強制要求正式服裝，希望大家能更隨意的選擇舒適的打扮。

由於這份工作的待遇還不錯，有不少面試者前來應徵。大部分前來的面試者，男性都穿西裝打領帶，女生則穿套裝配高跟鞋，髮型打扮也都是中規中矩。在面試的表現上，除了有些人顯然太過緊張，沒能表現出最好的一面外，其他人的表現都還算四平八穩。

但當中卻來了一位頗顯眼的年輕男性應徵者，他留著一頭略顯雜亂的長髮，一把略顯頹廢的落腮鬍，戴上耳環穿著時尚的勁裝，一派輕鬆自信的模樣。這樣與眾不同的打扮，自然吸引了面試官的注意。

「我覺得你很特別，每一位來面試的人都穿上正式服裝，爲什麼你會選擇這樣的打扮呢?背後有什麼特別的故事嗎？」人資主管問。

「我很喜歡音樂，在大學時期有玩樂團，我認爲這是最能代表我的打扮，這是間追求創新的公司，應該不會只看一個人的外表去決定面試錄用與否，而是透過這些看見一個人的能力及獨特性。」這位應徵者自信的回答。

聽起來這位年輕人認爲：既然這是一個講究創意及能力的職缺，理應接受面試者的多元及獨特性，不應該拘泥於傳統的面試習慣。

這似乎頗有道理，於是人資主管翻了這位年輕人的個人資料：名校畢業、在校擔任過學生會幹部、社團社長，外語佳，還有不少的在校作品及獎項，看起來，這位應徵者確實頗有潛力，不是隨口胡謅。從公司的用人標準來看，這位面試者應該符合公司所想要的人才。但最後，人資主管卻沒有錄取這個「人才」，爲什麼？

外表標新立異≠骨子有創意

人資主管說：「或許他有可能是個人才，但一個將自我外在表現的重要性，凌駕在社會常識之上的人，我實在很難相信，這個人能夠安份的被公司所用。」

或許這樣的說法有些討論空間，也或許因此錯失人才，但無論是一個多麼追求創新的組織，都一定有些規矩，而規矩不可能爲了一個人而改變，唯有能夠在這些規矩裡發揮所長的人，才有可能成爲組織中的人才。所以擺明了喜歡挑戰規矩的人，最容易成爲組織裡的頭痛人物。

旁人又補充一句：「醜人多作怪，愈是會製造麻煩的人，愈是喜歡在外顯行爲上作怪，想彰顯自己。」

其實不少的好老闆及好主管，並不討厭有獨立思考力的人，但卻顯少人會喜歡在外顯行爲上刻意表現獨特性的人，特別是若這打扮及行爲風格跟自己的價值觀是相悖而行時，就算一個人的能力再好，都容易引起他人的戒心。

最重要的是，外表的標新立異絕對不等於骨子裡有創意，事實上，絕大多數骨子裡眞正特別的人，反而不愛在外表上大作文章，去刻意強調自己有多特別。要叛逆可以，最好留在骨子裡，別塗在臉上。

人們對於不屬於他們的人，總是不友善的

你認爲這是老闆及主管的刻板印象嗎？是他們的心胸太過狹窄、老古板、不能接受多元價值嗎？但無論如何，不可否認的一件事是，像這樣的刻板印象，確實存在於社會每個角落的，也影響大部分人的決策行爲。

人們對於標新立異，與自己價值觀有所差異的人事物，本來就存有一定的排斥情節，不少人對於不確定性高的東西，更是容易產生焦慮感。

並不是說我們就非得從眾，當個人云亦云的人，而是如果你想要在群體裡發揮影響力，最好將群體中的規矩，以及群體中其他人的感受也考慮進去，要知道，不是每一個人都是心胸開闊的。

所以一個聰明人，不但要懂得適時的表現自己，同時也要懂得去顧慮到他人的認知差異。因爲多數人，對於不屬於他們的人，總是不太友善的。

任何宗教，即使是自稱為博愛的宗教，對於那些不屬於它的人們，也一定是冷酷無情的。——佛洛伊德

定錨
聰明人懂得包裝長處、接納缺點

前陣子一對夫妻朋友離婚了，因爲女生覺得她的另一半「變了」，覺得自己「被騙」，讓她難以接受。

原來是，他們倆交往了一年，有美好而浪漫的交往過程，有充滿創意的求婚儀式，有充滿誠意的結婚典禮。在婚前的種種，一切都是很美好的，也因爲這些美好，讓她對這段婚姻充滿了期待及美好想像。結果婚姻生活卻維持不到半年就告終了。爲什麼？無關第三者，無關感情不忠，女生和我說：

「男方婚前讓我感覺太美好，婚後才發現一堆問題，差異太大，我實在難以接受，一時之間調適不過來……」

婚前老公說的好像家裡事業是靠他在撐，其實只是靠爸一族。

婚前老公願意花在她身上的錢相當大方，婚後小氣又斤斤計較。

婚前不知老公會喝酒，婚後卻經常酗酒回家發酒瘋。

婚前以爲老公願意花時間陪家人，結果大部分時間在沉迷網路遊戲。

婚前公婆說會把她當成自己女兒疼，婚後卻把她當傭人，根本不尊重她。

一言以蔽之，就是婚前婚後落差太多。男方婚前說了太多的甜言蜜語，給她吃了太多的迷幻藥，有太多美好的期待及想像，婚後卻全數落空，心裡實在調適不過來，她對這段婚姻失望透頂，因此不如歸去。

另一對夫妻朋友的婚姻卻走著完全相反的路線。

婚前老公就沒什麼太多的形象包裝，相處簡單自在，不會虛假的甜言蜜語，不會爲了追求浪漫而鋪張，沒什麼求婚花招，婚禮辦的也只是中規中矩。

然而這樣的婚前形象，反而讓他們婚後相處更加舒服融洽，因爲婚前老公就打了預防針，這就是他最眞實的樣貌，婚前婚後的差異不大，因此反而更顯美好，也沒有太多的包裝及虛假。

他還實實在在的告訴老婆說：「我媽就是我媽，永遠不可能變成妳媽，彼此給予空間，學會互相尊重就好。」一點都不浪漫，相處起來反而更自在。

不少人在交往時，往往過度包裝，希望讓對方看見更完美的自己。這並沒有錯，但如果過頭失了眞，最後可能會適得其反，讓對方產生過大的落差感。

迷幻藥還預防針？

其實這有點像是在作生意，有些人作生意賣東西，總是很喜歡在消費者買單前，大力吹噓誇大產品功效，說上一堆好聽話，就是要讓消費者買單，是一種「迷幻藥」式的推銷思維。

然而通常在買單前，銷售員習慣過度浮誇的介紹產品，最後效用有時不如當初預期，買方也就當成被騙一次學經驗，但這樣的生意通常不易培養出長期、高滿意度的忠實顧客。

另一種人作生意，不會只宣揚產品的優點，同時也願意分享產品可能有的缺點，將消費者當個聰明人，讓人在充分了解產品的情況下買單，這就類似於一種預防針的行銷思維。

通常這種作法，較能夠符合消費者預期，甚至超越預期，反而容易培養出長期、具高滿意度的忠實顧客。

有時候，男女交往也像作生意一樣，有些人喜歡用迷幻藥來包裝自己，另一種人則喜歡先打預防針；一個先甜後苦，一個先苦後甜，如何選擇各有所好。但看懂他人葫蘆裡賣的是什麼藥，可以讓我們少些不切實際的幻想，少走一些冤枉路。

情緒的定錨效應

人的情緒是一種很特別的東西，多數人在衡量一件事情時，往往會偏重過去某些經驗及記憶的參考，我們又可稱之爲「錨點」，即使時空背景已經改變，這個「錨點」仍然會大大影響未來的感受。這個現象又可稱之爲「錨定效應」。如果在未來這個「錨點」與眞實情況有很大的差異時，就很容易產生心理的不平衡。

人與人相處也一樣，有些人喜歡在初期相處時，把最好的壓箱寶通通拿出來，把自己包裝的很美好，好到已經脫離了眞實的自己，其實這是有些危險的。如果未來不能維持一定的質量時，更容易讓人產生情緒的落差感，人際關係反而不容易長久。

長期而穩定的相處模式，是類似於預防針的思考模式，有表現好的一面，也能適時的暴露些真實的缺點，將「錨點」定錨在更接近真實的自己。聰明人懂得包裝自己的長處，同時也勇於接納自己缺點，如果你希望跟一個人發展長期而穩定的人際關係時，別太沉陷在迷幻藥的策略上，適時打點預防針，路能夠走的更遠。

認同、接受自己的不完美，認同、寬待對方的不完美。——阿德勒

堅持

忙著對壞人好，就是對自己壞

一位經營網拍的老闆，賣的主要產品是家居用品，爲了能不囤貨，造成營業成本及倉儲空間的負擔，商業模式是等客人下單後，再請合作廠商協助包裝寄出。由於合作的廠商品質都不錯，價格也算有競爭力，於是累積不少忠實顧客，也擁有相當不錯的網路評價。

然而網拍生意作久了，難免會遇到對商品不滿意的客人，有一次又賣出了一個賣場中熱賣款的保溫瓶，同樣的在下單後，再由合作廠商將產品寄給客人。

這是一個第一次來此賣場消費的客人，然而就在客人收到產品後，直接在留言板上大肆的怒罵，並快速的留下所有人都看得見的負評，要求退貨。

「你們很糟糕，這種產品也敢拿出來賣，小心我去客訴你們！」

原來，這位顧客收到的產品包裝上沾到了些油污，應該是廠商在出貨時，不小心讓產品接觸到旁邊的油污，雖然不嚴重，也不影響保溫瓶本身的使用。

但老闆心想：「如果我是顧客，應該也會有些不開心，這位顧客的抱怨及客訴雖然有些吹毛求疵，溝通也不溝通就直接先給負評是不講理了些，但也不全無道理。倒是我的出貨廠商，眞該好好的抱怨一頓，害我少賺了一筆生意，還多了一筆負評……。」

以和為貴、顧客至上？

客人永遠是對的，作生意就是重視顧客滿意度，於是老闆二話不說，立刻展現了極高的誠意，跟買方道歉，承認自己的疏失，也接受買方的退貨要求。但，你以爲事情就這樣告一段落了嗎？

不，這買方仍然不滿意，他認爲：「莫名其妙，這不是退貨的問題，而是你們浪費我的時間！」

於是，網站的退貨機制本來是要收到退貨產品才退款，但老闆爲了表達自己的誠意，以最快的效率跟買方表示：「您好，這是我們的疏失，很對不起，款項已先退還至您指定的帳戶，產品請您有空再寄出退回即可，不急，謝謝。」

可怕的是，這位買家似乎知道自己占了上風，態度又拉的更高的說：「既然是你們的疏失，我爲什麼要幫你們退回？我放在我家樓下的管理室，你自己過來拿！」問題來了，這位買家的住處，跟老闆是不同縣市，自己過去拿根本不可能，光是時間及交通成本，就遠遠超過了該商品的成本了，該怎麼辦？

老闆爲了能夠安撫這個唯一負評，好人做到底的只好再表示：「買家您好，款項我已退回給您，產品就不用退還給我了，請您留著試用，如果覺得不錯的話請再幫我們修改成正評喔，謝謝。」

這老闆的EQ、態度已幾近無可挑剔了，你猜猜這位客人怎麼想？

他居然說：「我不是這種人，不占人家便宜，三天內快給我過來拿。」

是的，這位客人覺得自己是正義良善，不占人便宜的，他要的不是貪小便宜，而是得理不饒人，想獲得別人理虧、自己有理的高級優越感。

糟糕的奧客分兩種，一種貪婪有形的、物質上的便宜，一種勒索無形的、情緒上的苛求。第一種人用錢就能搞定，第二種人是得了便宜還賣乖，以造成他人困擾、享受自我優越感爲樂，以勒索他人的情緒成本爲自有資產。

如果你遇到的對方是這種人，過度的釋放善意，可能會造成自己無窮無盡的麻煩，還不如一開始堅守賣場的退貨原則，即使有負評，就接受他吧！

你有敵人嗎？很好，那代表你有所堅持

有些人就是軟土深掘，專挑軟柿子吃，你愈軟他們就索求無度，無論是有形

的物質，或是無形的情緒，**忙著對壞人好，其實就是在對自己壞，別當個助紂為孽的爛好人。雖然「被討厭」或是「負評」沒有人愛，但記住，當一個人完全沒有被討厭或是負評時，代表這個人通常沒什麼原則及堅持。**

無論是客人還是朋友，我們都沒有必要討好每一個人，別當個好壞都照單全收的人，當你習慣討好每一個人時，就是在浪費自己的時間及情緒。

邱吉爾曾說：「你有敵人嗎？那很好，表示你曾為了生命中的某些東西而堅持著。」

界線
順風時謙虛，逆風時堅強

「叫你們經理出來！」

這句話不但拉高了自己的層級，還貶低了對方的價值，可說是最耳熟能詳、爽度最高、卻又最沒創意的奧客台詞了。也正因爲講起來過癮，不少心態不好的消費者，總是喜歡講這句台詞。這些奧客的行爲及心態，究竟是如何形成的？

曾有一位人們眼中名符其實的奧客朋友，不管是路邊攤還是高級餐廳的消費，甚至只是搭個公車，都喜歡用最嚴苛的標準來檢視服務自己的人，只要產品或服務過程不合己意，輕則碎嘴批評，重則大聲斥喝。

「叫你們能作主的出來！」

「我要客訴！」

「這是你們的服務態度嗎？」

「我花錢請你們這些米蟲幹什麼？」

只要逮到機會，他總是忍不住要露出他的獠牙，想證明一下自己很高級、很有實力，以提高音量、大聲斥喝來滿足自己的需求。

一天，我有機會和這位朋友聊天，忍不住問他：「其實出來消費，大家互相體諒，開開心心就好，何必對彼此太過嚴苛呢？」他給了我一個出乎意料的答案。

「我工作時，也是受了不少鳥氣，當然要在當消費者時發洩一下！我花錢當然我是大爺啊！」

正因爲自己也曾在工作時受氣，所以要發洩在他人身上？換言之，他的跋扈行爲，只會在他擁有消費者身分時出現，其餘時刻，根本就不敢太過囂張。這其實也是不少低水平客人的原型——欺善怕惡。

車禍了，來硬的還是來軟的？

類似這樣的行爲也不單單只發生在消費行爲上，有時候日常生活的點滴，都不難看到相似的例子。

有一次在馬路上見到了輕微的搶道糾紛，只見其中一台車的駕駛以磅礴氣勢打開車門，再大搖大擺大聲大氣的，一副準備好要教訓另一台車車主的樣子走了過去。

「搞什麼！怎麼開車的？」

另一台車子的車門打開後，走出來一位態度平穩，卻帶著些許江湖味的大個，態度不卑不亢。顯然的，他並沒有想惹事，只是出來就事論事，看要如何處理比較好。

有趣的是，只見這位原先氣勢凌人的駕駛見到了這位大個後，態度忽然一八〇度大轉彎，頻頻彎腰點頭致意，希望可以和氣生財，用最平和的方式來處理這起小糾紛。

「不好意思、不好意思，沒事、沒事……。」

我們不難發現，不少原先喜歡用氣勢來解決問題的人，當發現對方不好惹就會變了樣。而一開始就心平氣和就事論事的人，反而不容易因爲對象不同失去自己的立場。

這類見風轉舵、欺善怕惡的人，通常只是自卑感很重、仗著虎威的狐狸。

仗著虎威的狐狸，需要劃出界線

第一個故事裡的朋友，選擇自己是消費者時張牙虎爪，一味的展現囂張跋扈；但當影響到飯碗時，就選擇收起自己的爪牙忍氣吞聲。

第二個故事裡的路人，選擇在對方是弱者時張牙虎爪，展現自己的磅礡氣勢；但當發現對象並不好惹時，就選擇收起自己的爪牙低頭緩頰。

這類行爲的本質，就像是隻仗著虎威的狐狸，在自己占有優勢時就盡可能伸長自己的爪子、露出白森森的牙齒，享受自己是個強者的虛榮感；但當換了個位置或是對手時，立刻就會露出狐狸尾巴，顯露出孱弱的一面。

像狐狸一般的人，習慣在順風時囂張、在逆風時懦弱。其實這是一種「己所不欲、強施於人」的惡劣行徑。正因爲，這類人通常都是自卑、內心最空虛的弱者，需要憑仗著在自己最有利的位置上，盡情滿足虛榮心、撫平自卑感，才能感受自己的存在。

一個仗著虎威的狐狸，不但會破壞我們的心情，更會同時傷害其他人的權益。不是說要鼓勵跟他們衝突，而是要認清這些人的本質，劃出自己的界線，有時甚至必須適時的硬起來，因爲欺善怕惡、見風轉舵，經常是這類人的共同特質。

一個人愈沒風度，愈喜歡在順風時囂張，逆風時懦弱。
一個人愈有高度，愈懂得在順風時謙虛，逆風時堅強。

逞強是自卑感的另一種表現，不要努力看起來很強，而是努力變得更強。

——阿德勒

Mood List

迴避

面對恐龍，避開比正面迎擊好得多

「那個男孩又去推別人的孩子，讓人家跌倒受傷了！」

「那個男孩已經不是第一次了，爲什麼家長都不教？」

在一堂專爲小朋友開設的直排輪課程中，有位小男孩總是不照教練的指示，不顧其他孩子的用路權，爲了自己行進路線及加速的方便動手去推倒其他的小朋友，看起來顯然是故意的，一犯再犯，還笑嘻嘻地覺得很好玩。

每一位孩子都是爸媽心中的寶，無緣無故被推倒，甚至多出幾道傷疤，爸媽怎麼可能吞忍的下去？因此有家長受不了，直接當面、嚴厲的警告這個淘氣的男孩。

「喂！你怎麼那麼沒規矩，不准再推我家孩子，你知道你這樣是不對的嗎？」被其他的大人指著鼻子罵，這男孩再淘氣也會感到委屈及不開心，就哭著回去找媽媽了。

然而詭譎的是，明明其他家長都已經提出警告了，也曾跟這位男孩的媽媽抗議，這個淘氣男孩的壞習慣仍然改不了，在下次、下下次的課程中，竟又伸手去推其他小孩。爲什麼會這樣？

原來，每次這位男孩被指責後回家和媽媽說時，媽媽總是和他說：

「他們都是神經病，別理他們！他們不該擋你的路！」

「你很棒喔，媽媽以你爲榮。」

呃……怎麼會這樣教育自己的小孩，毫無疑問的，這樣的教育大大地讓孩子少了些自省及改進的機會，在這種惡性循環下，這推人的男孩及家長，也成了這堂課程中最不受歡迎的兩個人。但我們面對這樣的家長及小孩，究竟該如何相處呢？

總是能溝通的吧？

「我們好好溝通，好好的教導，情況總是會改善的吧！」

當中有一位較熱心的媽媽，覺得這樣似乎不太妥，放著不管，對孩子的教育也不見得是好事，應該機會教育一下，幫助孩子們去培養同理心，建立正確的價值觀。於是這位熱心的媽媽，找了個機會主動去找這位他人眼中的恐龍家長聊聊，希望能讓所有家長和孩子們的關係變得更好，結果這位媽媽卻這樣回覆她：

「唉，妳眞是這堂課少數的好人，我這孩子比較活潑一點，其實我也很擔心現在的恐龍家長很多，常常亂咬人，這堂課就有不少，還好妳不是……。」

原來對於這位恐龍媽媽而言，自己並不是恐龍，反而認爲是那些找自己和孩子麻煩的家長才是恐龍。

更麻煩的是，這位原先一番好意的熱心媽媽，從此成了這位恐龍家長傾訴必找的對象，當然，說的都是別人的壞話，說的都是些負面的言語。這位媽媽原本熱心的溝通，不但對事情沒有幫助，還讓這位恐龍媽媽彷彿找到了同伴一般，更加變本加厲的發揮恐龍本性了。自然，這位會推人的小男孩，由於沒有得到正確的觀念，依然故我。

恐龍不會清楚自己是恐龍

「恐龍」的形容源自於遠古時代，是由草食恐龍對現實反應遲鈍的印象而來，一般指的是活在自己世界，缺乏常識、價值觀與社會脫節的人。恐龍家長、恐龍顧客、恐龍老闆、恐龍法官，在每一個位置上，幾乎都有恐龍的存在。

他們有教化之可能嗎?可怕的是，一個人之所以會成爲他人眼中的恐龍，正是因爲他們不清楚自己是恐龍。在他們的價值觀中，還會認爲對自己有意見的那些人才是眞正的恐龍。所以，別太理想化，認爲遠古時代的恐龍能輕易進化成現代生物，因爲價值觀通常都是根深蒂固的。

不是說要放棄對他人的關心，然而改善恐龍行爲最好的方式通常不是言教，是身教，惟有型塑出更良好的環境及氛圍，他們才有可能改善。

這個世界上，真的存在著一些人，是我們沒辦法溝通及改變的，即使有心也不一定使得上力。有時候，只能選擇適當的迴避，劃出一道自己的底限，找到相處的最適平衡點，不讓情緒成本過度的增加。

記得，別企圖用現代文明的方式，去與遠古時代的恐龍相處。

連想改變別人的念頭都不要有，要像太陽一樣只是發光發熱，每個人接收陽光的反應不同，有人覺得刺眼有人覺得溫暖。——榮格

衝突

不隨便與人衝突，但必要時毋須隱忍

有一次一位朋友想賣掉一間二十多年屋齡的中古套房，由於房子已經有些年歲，屋況多少有些歲月的痕跡，考慮到既然都要賣了，「要如何裝潢」這問題，不如就留給新屋主來決定，且用最原始的屋況下交屋不僞裝，也是一份賣屋的誠意。

於是他主動找了一家信譽良好的連鎖品牌房仲公司，協助代爲販售這間房子。房仲很專業，先仔細衡量屋況，並將所有可能有爭議的地方都清楚寫進房屋現況說明書，還提供售後的漏水保固。

然而，當房子出售的廣告刊出後，自然會有其他房仲公司看見此資訊，於是就有另外一家自有品牌沒有分店的房仲，主動找上了這位賣家。

「屋主您好，我手上剛好有買家在找您這樣的物件，希望您可以簽給我們委賣約，我們好方便幫忙牽線。」

賣家心想，多一個人賣就多一個機會，也沒什麼損失，就接受了這家房仲的委賣。

雖然本來不報有太大的期望，然而不久後，這家房仲還眞的找到了買家，而且相當有效率的，很快就協助買賣雙方取得共識，談好價格進行簽約。

但問題來了！

簽約不久後還沒交屋，房仲就聯絡賣方說：「您好，由於買方在簽約後，覺得設備有些老，希望浴缸、馬桶可以翻新，況且老房子可能還會有漏水問題，希望賣方能協助提供這些部分的裝潢及維護。」

問題是，這本來就是二十年的老房子，沒有用任何新裝潢去隱藏屋況，房仲怎麼沒有好好的跟買方交代清楚就簽約呢？

原來，爲了快點促成成交，房仲在帶看買方時，都盡可能避重就輕，只強調公設、景色等優點，屋況沒那麼好的部分就避談或隱瞞，導致之後買方在第二、三次看屋時，感受到了明顯的落差。

仲介費我收，問題你們兩個自己去喬

在簽約後交屋前，才來要求大金額的補貼對賣方本來就不合理、也不公平，因此他婉拒這個要求。然而這位房仲只想賺仲介費，完全不想負責任，於是他在未經過賣方的同意下，就直接將賣方上班的地點資料洩漏給買方，還要買方自己去賣方上班的地方爭取權益。

而這位買方還眞的聽房仲的建議，直接跑到賣方工作的地方，去要求對方得提供裝潢輔助，造成賣方極大的困擾，也影響在職場上同事對他的觀感。

要知道，這間套房價格雖然不高，也是得付出好幾十萬的仲介費，但這位房仲卻直接洩漏顧客個資，還推責不管了。於是賣方很生氣的打給這位房仲抗議：「爲什麼你可以洩漏別人個資，造成我工作上的困擾，難道連基本的尊重及職業道德都沒有嗎？」

或許是自知理虧，惱羞成怒，房仲竟然在電話中語帶威脅的回嗆：「你講話給我客氣一點！小心我不客氣，我的電話都是有錄音的。」

遇到這種人怎麼辦？摸摸鼻子自認倒楣嗎？

不，賣方立刻打電話給店長，告知這位房仲的行爲，並強調將透過消基會及消保官來協助處理這筆仲介案。原先想不管事的店長，眼看這幾十萬的服務費岌岌可危，也立刻將態度放軟，承諾會全權負責，希望能達成三贏。

結果呢？到了最後交屋的關頭，這位態度原先氣勢凌人的房仲，也好似變了個人似的，不停微笑致意，顯然的，他原本強勢的態度只是想推責，當影響到了自己的利益時，態度就一八〇度的大轉彎。最後，賣方透過具法律效力的第三方協助，雙方取得了共識。

有時候，遇到軟土深掘的人，如果自己有理又站得住腳一定得適當的硬起來，否則只會讓問題愈滾愈大。

衝突管理是多元解

在管理學的衝突管理思維中，硬碰硬的衝突並不是唯一解，必須依照當下的角色及情境來找出最適策略，有時候適合冷處理，有時適合硬碰硬，有時候理虧就應作些妥協，更多的時候，最好能創造雙贏。

然而，像這個案例，遇到的是一個不太講理、語帶威脅，但又想要賺取佣金的房仲，很顯然的，好好溝通找出共識已不太容易，如果道理真的在自己身上，那麼適時的硬起來，不畏衝突，反而是解決事情的最好方式。

過去的觀念，普遍認爲衝突是不好的，應該極力避免，事實上功能性的衝突，反而能有效活化一些僵局，讓事情有些轉圜。**情緒管理良好的聰明人，不會隨便與人發生衝突，然而到了需要衝突的時候，也絕不會畏懼去面對。**

以和為貴要看人，將這份和氣留給貴人，有時候，隱忍只會讓人得寸進尺。

積極
遇事情快速處理，比消極躲避收穫更多

一位小資族在幾年前籌了頭期款，買了間舊公寓一樓，打算透過出租來攤還房貸，當起了小包租公。

就這樣安穩出租幾年後，也換了幾個房客，有一次來承租的是間做水電的小公司，看屋時老闆雖然有些「草根性」，但看起來應該還算正派，於是就簽了租約，迎來這位新房客。

在租約的前半年，這位房客都沒有發生什麼問題，突然有一天，房東接到幾通鄰居的抗議電話：

「你的房子常有一堆看來不務正業的人在聚眾喧嘩，已經影響到鄰里的安寧了。」

「你是把房子租給討債公司喔？深夜老是一堆人進進出出，大家敢怒不敢言！」

「房租你在收，生活受到干擾的卻是我們，做人不要那麼自私！」

什麼？竟然有這種事，雖然不能確定這些控訴是不是全都是事實，但顯然的，自己的房客確實已經造成鄰里的困擾，而且還不止一個人。

於是他立刻打電話給承租的老闆溝通，要求立刻改善，並表明因爲鄰居嚴重抗議，希望提前解約，但還是給老闆一個月的時間另尋地方搬遷。一來給了鄰居一個交代，二來也給承租方一個緩衝的時間與空間，算是一個相對合理的處置。

人算不如天算，就在約定搬遷日到來前的某天深夜，來了一群人與房客公司的人，因爲在外面的過節起衝突打了起來，不但驚動整個社區，還鬧上警局！

房東這才知道，原來這位房客表面做水電，實則爲了工作，常常幫人圍事；

從警方處還得知，這群小弟到處逞兇鬥狠與人結怨，早已是地方上的頭痛人物。對於原先不知情的房東而言，遇到這種事眞是太倒楣了！

積極面對，還消極處理？

於是，房東立刻致電給承租方老闆，並直接約在警局，提出即刻停業、卸下招牌、馬上搬離等協議。也讓承租方在分局就簽下協議書。由於當下積極的處理，承租方也不得不配合協議，不到幾天就遷離，還給鄰里一個寧靜的環境。雖然事情暫告一段落，但感覺眞是糟透了。

「我眞是太倒楣，發生這種事，不但影響鄰居安寧，以後房子也難租了，我還有好幾年貸款要繳啊，怎麼辦？」在整理房子時，有幾位較年長的鄰居們在了解情況後，看房東還算正派，就主動過來搭話，分享了一些其他租屋的趣聞。

「你這個小case啦，之前隔壁巷子的房東租給一對情侶，外表人模人樣，搬離時卻把整間房子弄得像軍機轟炸過一樣，你的房子至少保持得還不錯。」

「我的房子上次租給了一家賣雜貨的，老闆付不出房租還賴著不走，厚著臉皮要我幫忙出搬遷費，不然他們沒錢搬家。」

「之前還遇到更誇張的，房東與房客有些不愉快，房客搬離時，故意只留下一座『公嬤』（祖先牌位），動也不是，不動又沒辦法找下一個房客。」

原來，比自己倒楣的房東有那麼多啊！與這些鄰居阿公阿嬤聊過後，忽然覺得自己其實好像也不是那麼倒楣了。**而這次事件因為有積極處理，在鄰里間的風評還不算太差，讓鄰居們還願意主動幫忙介紹承租方，原以為可能有一段時間租不出去的房子，沒多久就找到了新房客。**

態度決定悲劇還喜劇

這無疑是件倒楣事，幸好最後結局還不算太壞，但如果當初這位房東只顧著自己的利益，選擇擺爛不理會鄰居權益，在鄰里間留下了一個壞印象及壞風評，或許結局就不一樣了。

有些人面對倒楣事時，總喜歡將精神放在找藉口或是口頭上的道歉，其實對於權益受損的人而言，道歉的意義根本不大，還不如想辦法改善現況。

面對問題，如果選擇消極面對，那麼問題不但解決不了，還可能成爲長期情緒上的壓力，因此所有擅於掌握情緒的人，絕對不會放任問題存在而不解決。

演員卓別林曾說：「近看人生是一部悲劇，遠觀人生則成了喜劇。」有些倒楣事，只要能夠好好面對，拉遠來看，或許根本就沒什麼大不了。

命運中十%的事件是由發生在你身上的事情組成，另外九十%是由對你對事情如何反應所決定。——費斯丁格（Festinger）

圖6.　做一張自己的情緒資產負債表

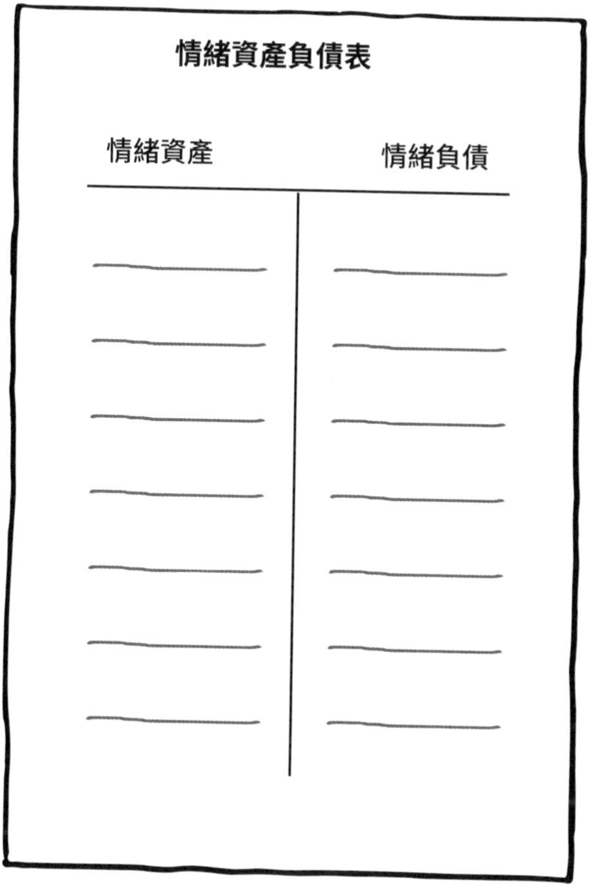

▌隨時檢視自己的資產、負債與調整情緒策略，任何事都能事半功倍。

◎讀後推薦序一

沒想到感到無奈的事，原來是份禮物

張瀞仁（美國非營利組織 Give2Asia 亞太經理／《安靜是種超能力》作者）

最近剛認識一位新朋友，第一次見面聊天到了最後，身爲公眾人物的他客氣地建議「妳或許可以考慮跟我一樣，找個經紀人」，我當下的反應是「我事情很多沒錯，但還應付地來，應該還好吧」，沒想到他回答：「但妳看起來就不太擅長拒絕，需要有人幫忙擋掉一些不相干的事。」

什麼！缺點竟然明顯到連剛認識的人都看得出來！

「想當好人」的確產生不少成本，像是答應一個演講後在家裡懊悔五百回合時的煎熬、後悔到極致時很想撞牆的痛苦，更不要提這些糾結也蠻花時間的，如果這些強烈的情緒都拿去衝刺事業，現在或許早就飛黃騰達了。

內向者的我們，幾乎所有的糾結都習慣先自己處理。就算是讓人頗爲光火的事情，通常也不太會表露。不是特意要圓滑、沒有太多刻意訓練，純粹是內向者的大腦就是這樣運作。人家如果問起，也只能無奈地說「我再怎麼集氣也沒辦法翻桌啊」。但這樣確實也得到了一些好處，例如老闆覺得我EQ很高、抗壓性不錯；下屬覺得反正我不會生氣，反而樂意把眞實情況告訴我；朋友覺得我好相處，雖然話不多，但有活動也不會把我排除在外。

謝謝這本書，原本覺得蠻無奈的事情，沒想到是份禮物，而且在專業人士的分析下，好像還有點値錢。如果你是一個可以處理情緒的人，這本書會幫助你知道上天給你多麼豐厚的大禮；如果你目前還在學習跟練習的路上，這本書是極佳的攻略，能幫你快速建立情緒資產。

◎讀後推薦序二

累積壞情緒只會成為壓垮自己的負能量

游舒帆（知名講師／商業思維教練）

在旁人眼中，我一直是一個非常正面思考，滿身正能量的人，而我也認爲自己總能滿懷熱情的鼓勵他人，直到我碰到一位非常愛抱怨的同事，這個同事一天平均要跟我抱怨五到六次，而且大多屬於雞毛蒜皮的小事，卻能被他無限放大，把抱怨的對象批評的罪該萬死。剛開始我勸他看開一點，漸漸的我就是聽而不回話，到最後，我只想逃避與他的對話。我原以爲正面思考的力量強大到足以蓋過任何負面情緒，但我錯了，我的情緒正一天天受到這些話語的影響，我的「情緒資產」正在不知不覺間被掏空了。

好的情緒，會持續累積，形成生活中的正能量，壞的情緒，也會變成壓垮自己的負能量。因此，在人際交往上，我們都要留意兩件事：第一，別讓自己負面情緒持續累積，成爲自己與他人負面情緒的源頭；第二，也要仔細的挑選合適的交往對象，別讓那些充滿負面情緒的人來荼毒你的人生，如果不幸碰到了，請務必當機立斷，這種不考慮你情緒，只顧著把他的情緒傾倒給你的朋友，不結交也罷。

這本書用損益表的結構來分析情緒資產，非常貼切的將情緒這件事做了很好的比喻，書中針對各種正負情緒也有諸多的著墨與探討，將生活中、工作中會遭遇的各種情境一一枚舉說明，相信能協助讀者們更有效的做好情緒資產管理，讓每個人都成爲自己情緒的主人。

CFV0343

情緒成本Emotional cost——財務報表看不見，卻是最昂貴的一種隱藏成本

作　者—紀坪
主　編—林潔欣
企　劃—葉蘭芳
美術設計—李宜芝
董事長—趙政岷
出版者—時報文化出版企業股份有限公司
108019台北市和平西路三段二四〇號三樓
發行專線／（02）2306-6842
讀者服務專線／0800-231-705，（02）2304-7103
讀者服務傳真／（02）2304-6858
郵撥／1934-4724時報文化出版公司
信箱／10899臺北華江橋郵局第99信箱
時報悅讀網—http://www.readingtimes.com.tw
電子郵件信箱—newlife@readingtimes.com.tw
法律顧問—理律法律事務所　陳長文律師、李念祖律師
印　刷—勁達印刷有限公司
初版一刷—二〇一八年十二月七日
初版五刷—二〇二一年十月二十五日
定　價—新臺幣三二〇元
（缺頁或破損的書，請寄回更換）

時報文化出版公司成立於一九七五年，
並於一九九九年股票上櫃公開發行，於二〇〇八年脫離中時集團非屬旺中，
以「尊重智慧與創意的文化事業」為信念。

情緒成本Emotional cost：財務報表看不見，卻是最昂貴的一種隱藏成本 / 紀坪　著. -- 初版. -- 臺北市 : 時報文化, 2018.12
面；　公分

ISBN 978-957-13-7616-5　(平裝)

1.職場成功法　2.情緒管理

494.35　　107019646

ISBN 978-957-13-7616-5
Printed in Taiwan